キリン解剖記

郡司芽久 著

Natsume-sha Science
ナツメ社

はじめに

「キリンが亡くなりました」

　私の研究は、動物園のスタッフから届くキリンの訃報から始まる。

　亡くなってしまったキリンの遺体をトラックに載せ、研究施設に運び込む。トラックについているクレーンを使って、遺体を解剖室へ下ろす。キリンの首は、長さ2m、重さ150kgほど。ヒト用の解剖台にぴったりのサイズだ。

　無機質な銀色の解剖台の上に載ったキリンの首の前に立ち、解剖道具を手にする。使用するのは、刃渡り17cmの解剖刀。右手に持った解剖刀を皮膚にあてがい、ゆっくり皮膚を切り開いていく。切れ目に指を入れ皮膚を少し持ち上げ、皮膚と筋肉の隙間に解剖刀を差し込み、丁寧に皮を剥いでいく。皮膚の下に隠れていた筋肉が見えてきたら、医療用の小さなメスに持ち替え、脂肪や結合組織を取り除いていく。

　隣には、表紙に血の痕がついた使い古しのスケッチブックと色鉛筆、そして一眼レフカメラ。あらわになったキリンの首の筋肉の構造を写真に撮り、スケッチブックを開き、筋肉の構造の特徴を描き込んでいく。

これが私のいつもの仕事の様子だ。私はキリンを解剖して、彼らの体の中に隠された筋肉や骨格の構造を調べている。

キリンは、どうやってあの長い首を動かしているのだろうか？
どうやって長い首や大きな体を支えているのだろうか？
あの長い首は、どんな構造をしているのだろうか？
私たちの首の構造と同じなのだろうか？
それとも全然違う、特殊な構造を獲得しているのだろうか？
そもそも、どうして首が長くなったのだろうか？

初めてキリンの解剖をしたのは、19歳の冬だった。それからおよそ10年経ち、これまでに30頭のキリンを解剖してきた。北は仙台から、南は鹿児島まで、全国各地の動物園からキリンの遺体を献体していただき、たくさんの解剖の機会に恵まれてきた。

実は、「キリンの解剖を経験したことがある人」は結構存在している。キリンを一度でも解剖したことがある、あるいはキリンの解剖に立ち会ったことがあるという人ならば、日本だけでも100人くらいはいるような気がする。

ただ、数十頭をしっかりと解剖したことがあるという人には、まだお目にかかったことがない。海外の研究者でも、私以上にキリンを解剖している人には会ったことがない。もしかしたら私は、世界で一番キリンを解剖している人間なのかもしれない。

この本は、物心つく前からキリンが大好きだった私が、18歳でキリンの研究者になることを決意し、恩師と出会い、解剖を学び、たくさんのキリンを解剖して「キリンの8番目の〝首の骨〟」を発見し、キリンの研究で博士号を取得するまでの、約9年間の物語だ。私自身の話であり、動物園でたくさんの人々に愛されたキリンたちの死後の物語でもある。

初めて解剖した神戸市立王子動物園の「夏子」、同い年だった浜松市動物園の「シロ」、私よりも年上だった千葉市動物公園の「アジム」……。これまで解剖してきたキリンたちは、どの個体も非常に思い出深く、生前の愛称と名前はもちろんのこと、年齢や飼育されていた施設などもよく覚えている。

この本の中には、私の研究との関わりが特に強かった何頭かのキリンが登場する。今は亡きキリンたちの「第2の生涯」とも言える死後の物語を読んで、「久しぶりに動物園にキリンを見に行ってみようかな」と思ってもらえたら、とても嬉しい。もしも、彼らの生前の姿を知っている方にもこの物語が届けば、さらに嬉しい。

そして、この本を読み終わったときに、今より少しだけキリンを好きになってもらえていたら、言うことはない。

第4章 キリンの「何」を研究するか？

第5章 第一胸椎を動かす筋肉を探して

第6章 胸椎なのに動くのか？

第7章 キリンの8番目の「首の骨」

第8章 キリンから広がる世界

キリンの首の骨格図

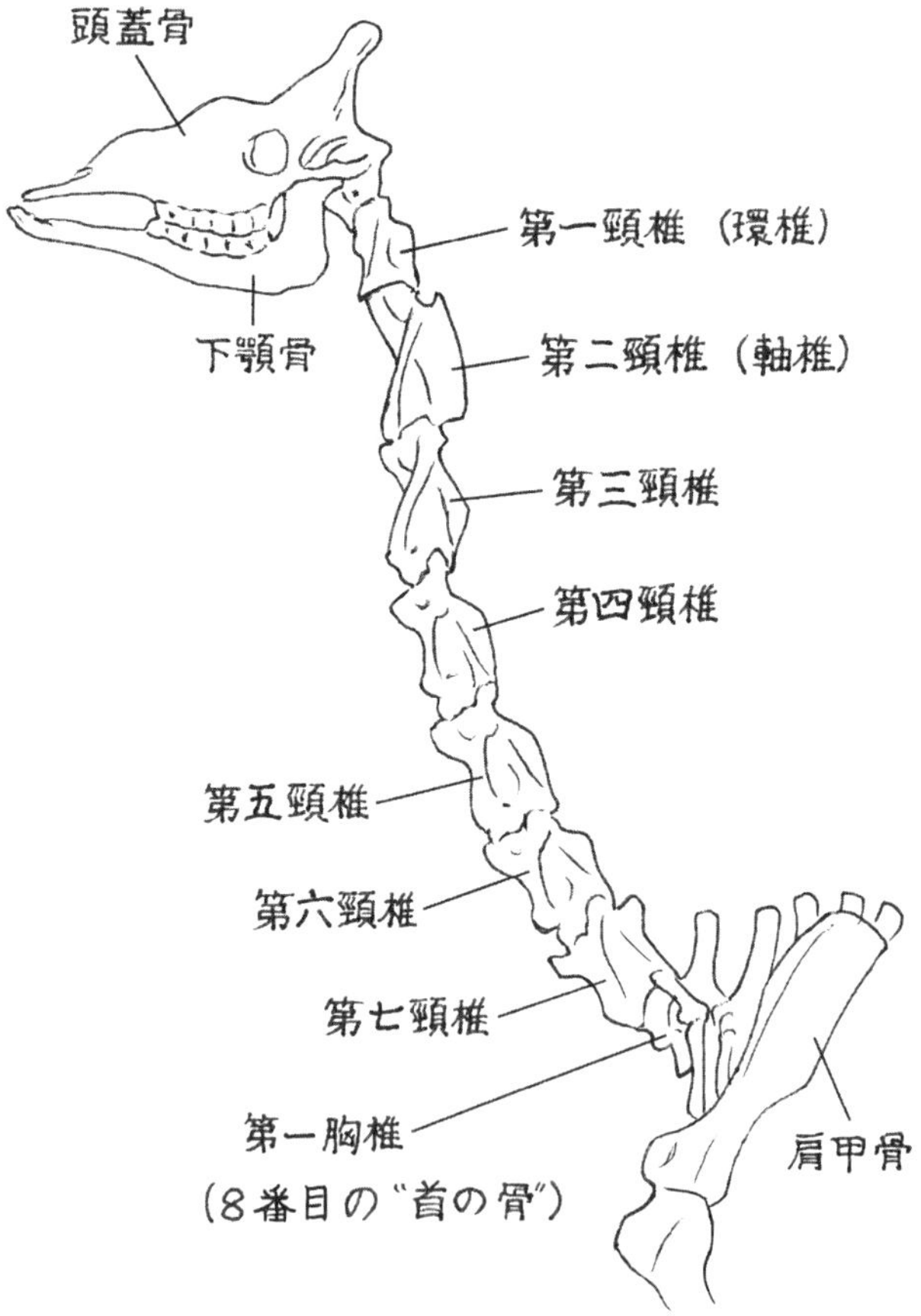
頭蓋骨
第一頸椎（環椎）
下顎骨
第二頸椎（軸椎）
第三頸椎
第四頸椎
第五頸椎
第六頸椎
第七頸椎
第一胸椎
（8番目の“首の骨”）
肩甲骨

第1章 キリンを解剖するには

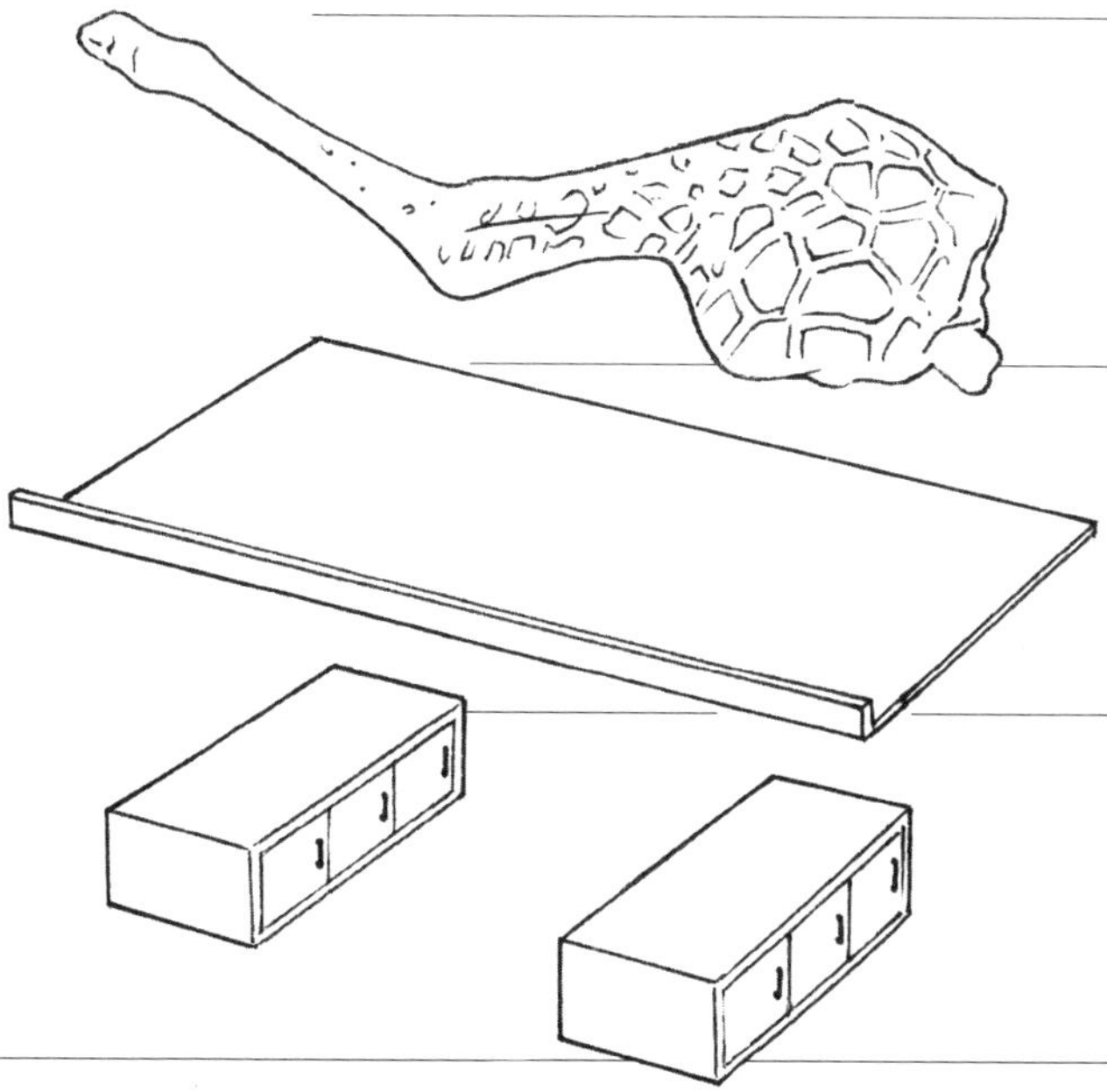

解剖はいつも突然に

私とキリンが紡ぐ研究の物語を始める前に、まずは私の仕事である「キリンの解剖」について具体的にお話しようと思う。キリンの解剖をする機会は意外に多いので、読者のみなさんにも突然チャンスがやってくるかもしれない。いつ解剖のチャンスが訪れても困らないよう、解剖の手順や必要な道具などを中心にご説明したい。

キリンの解剖は、動物園のスタッフから届く訃報から始まる。私のもとに届くキリンの死因は、寿命や病気、事故など、さまざまだ。時には、「今夜が山かもしれません……」という連絡をいただくこともあるが、基本的には、いつ亡くなるかは予想がつかない。そのため、解剖の始まりはいつも突然だ。事前に予定を組んでおくことはできない。

成熟した大人のキリンの身長は、メスで4m、オスだと5mにもなる。これは一般的なアパートの2階に相当する高さだそうだ。脚1本だけでも、長さ2・5mほどもある。これだけ大きい動物だと、遺体をホルマリンやアルコールにつけて防腐処理を施したり、冷

凍庫で一時的に保管したりするのは難しい。なので、遺体が届いたらそのまま解剖を始め、終わるまで一気に作業を行うことになる。

解剖の期間は、だいたい平均して1週間くらいだ。それ以上経つと、腐敗が進んで遺体の状態が悪くなってしまい、うまく解剖できなくなってしまう。気温が低く腐敗が進みにくい冬場であれば、10日間ほど作業することもある。

私はぎっしり予定が詰まった日々を送るようなタイプではないけれど、キリンの訃報が届いたときに毎度毎度都合よく1週間も予定が空いているわけでもない。研究の打ち合わせが入っていたり、学会に行く予定が入っていたり。時には、友人との食事の約束が入っていることもあるし、デートの約束が入っていることだってある。

どれも大事な予定ではあるけれど、私にとってはキリンの解剖が最優先事項なので、訃報が届いたら予定は全てキャンセルする。「ごめん、キリンが死んじゃって……」、「すみません、キリンの解剖の予定が入ってしまって……」。その一言で全てを理解して許してくれる友人・知人には本当に感謝している。

キリンはアフリカの生き物だからか、寒い時期に亡くなることが多い。年末年始に訃報が届くことがとても多いので、ここ5年ほどは、年末年始には予定を入れないようにしている。忘年会や新年会は、「キリンが死ななかったら行くね」という返事をする。実際解剖の予定が入って、ドタキャンしてしまうこともある。

そういえば、エイプリルフールの朝に訃報が届いたこともある。朝一番に布団の中でメールを見たときは少し疑ってしまったが、もちろんウソではなかった。この時は、キリンの遺体を山口大学に運ぶことになったので、その日の昼すぎには解剖道具と着替えを抱えて新幹線に乗っていた。道中、「キリンを載せたトラックが高速道路を走行中にパンクしてしまって、到着時間が大幅に遅れるそうです」という連絡を受けたときは、さすがにウソであってくれと思った。が、これも本当だった。

いずれにしても、キリンの訃報が届いたら、やることは同じ。１週間分の予定を全てキャンセルし、解剖に備える。

キリンは、身長の割に胴体が小さいので、大型動物にしては作業が容易だ。手足や首を取り外してしまえば、１つ１つのパーツはコンパクトになる。細くて長い手足をもつので、てこの原理をうまく使えば、私一人でも手足を少し持ち上げて、ひっくり返すこともできるのだ。ゾウやサイだと大人数での作業が必要だが、キリンの場合はやろうと思えば１人でも解剖できる。

ただ、遺体を解剖室へ運び込む作業などを考えると、少し人手があった方が助かるので、実際には数人で解剖を行うことが多い。研究室に残っている運の良い（悪い？）先輩・後輩に声をかけ、遺体の搬入の手伝いを依頼する。研究室のメンバーにもそれぞれ予定があったり、実験や論文執筆で忙しかったりするので、突然作業を依頼するのは心苦しくもあるが、仕方がない。「突然大型動物の遺体がやってくる」ことは研究室では日常的で、突然の作業依頼はお互い様でもある。

私も、修士論文の執筆に追われていたとき、体重６００kgのミナミゾウアザラシの解剖に駆り出された。博士論文を書いているときには、1・5tのシロサイの解剖を手伝った。用事がある日や研究が立て込んでいるときに限って大型動物の遺体がやってくるような気がする。「なんで今日なの⁉」と思うこともあるが、解剖から学ぶことはとても多く、月日が経って振り返ってみると、どれも全て大切な経験になっている。

解剖に必要な道具

キリンの解剖は、基本的にはメスとピンセットを使って行う。手術にも使うような、5cmほどの小さなメスだ。メスの刃の形はいろいろあるのだが、私は「23番」のメスを使っている。ピンセットにもいろいろな種類があるが、初心者ならば、先端がかぎ状になっていて筋肉がつかみやすい「有鈎《ゆうこう》ピンセット」がおすすめだ。私は、有鈎ピンセットと、先端が尖った「棘抜きピンセット」の2種類を使用している。

キリンの皮膚は厚さが1cm以上にもなるので、皮を切断するときには通常のメスだとやや大変だ。そこで使うのが、刃渡り17cmの「解剖刀」と呼ばれる刃物。見た目はサバイバ

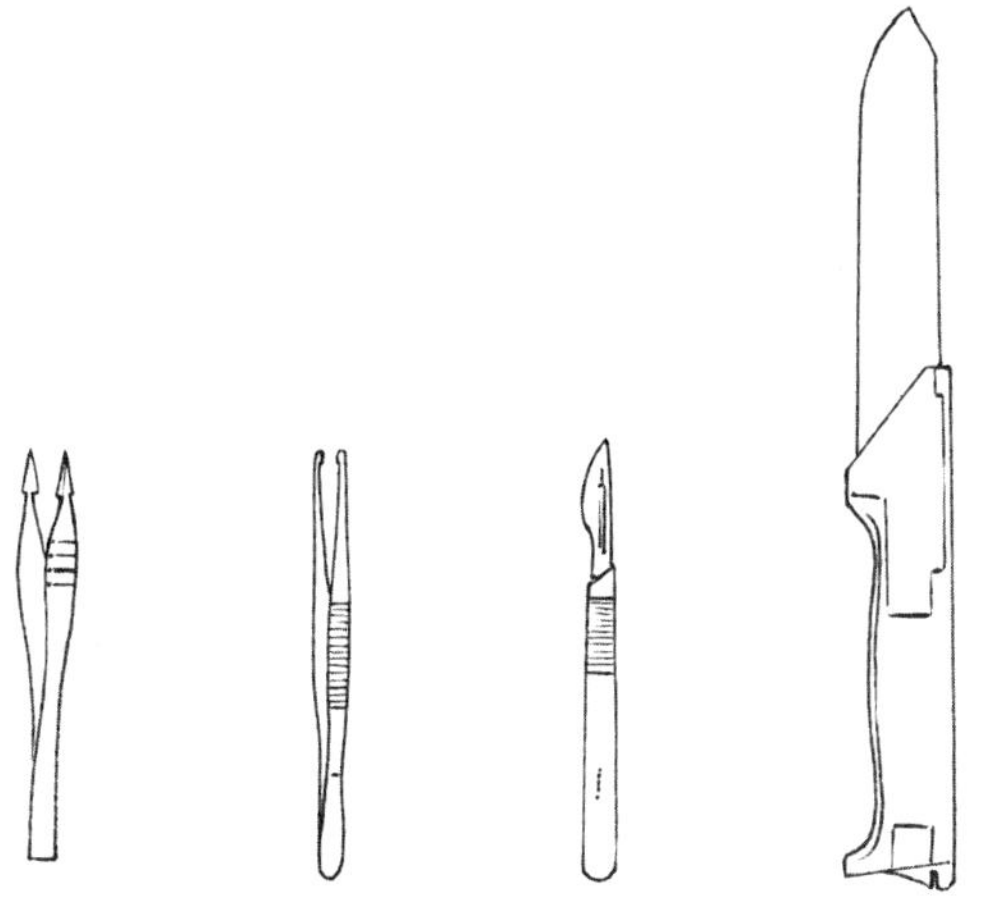

ルナイフのような感じだけれど、普通のメスと同じように、刃の部分を取り外して交換することができる。医療用の器具として売られていて、本来は「ヒトの脳の解剖」に使用するものらしい。

博物館の備品置き場から、自分の手のサイズにあったゴム手袋と、取り外した筋肉を入れるためのたくさんのビニール袋を取ってきて、解剖室の机の上に並べる。ついでに、解剖室の奥の方に立てかけられた手かぎを引っ張り出してくる。築地などでマグロを引きずるのに使っている、先端がかぎ状に曲がったアレだ。巨大な筋肉の塊を持ち上げるとき、手かぎを使うと楽なのだ。

そうそう、これからやってくるキリンの遺体の「標本受入番号」の登録も忘れちゃいけない。個体情報と紐付けされた番号を遺体につけることで、すでに博物館に収められているほかのキリンの骨格標本と混ざらないようにするのだ。いわば、標本のマイナンバーだ。

研究室のデータベースに保存されているエクセルファイルを開いて、最新の標本受入番号を確認する。番号の横の欄に、指定された情報を入力していく。献体された動物の種名、学名、分類群、個体の名前、性別、年齢、飼育されていた動物園名、死亡日、など。そして最後に、遺体の搬入日を記入し、受入者記入欄に自分の名前を書き込む。

DNAサンプルを保管する小さなジップロック袋を用意して、袋の表面に先ほど登録したばかりの標本受入番号を記入しておく。

道具の準備ができたら部屋に戻って、本棚に並べてあるスケッチブックを取り出す。過去の解剖記録をパラパラと見返し、やるべきこと、気になっていることを一通り確認する。そういえば、カメラのバッテリーの充電は十分だっただろうか？　机の横に置いてあるカメラケースからバッテリーを抜き出し、充電器に差し込む。

博物館のトイレで、いつも使っている解剖用のジャージに着替える。裾が長い白衣だと、しゃがんだときに床に流れている血を吸って汚れてしまうので、白衣は着ない。汚れが目立たないよう、黒っぽいジャージを着ることが多い。解剖室は寒いので、最近は登山用の防寒具を愛用している。

さあ、これで準備は完了だ。あとはキリンの遺体が届くのをそわそわしながら待つ。この時間はいつも、興奮と緊張と不安が入り混じったような複雑な気持ちだ。

まずは遺体の搬入から

研究室の電話が鳴る。解剖の責任者である、研究室の教授からだ。教授は「あと15分ほどで到着するから、準備よろしくね」と用件だけ端的に伝えると、すぐに電話を切った。

キリンの解剖は、大学の施設や博物館のバックヤードですることが多い。これまで解剖してきたキリンのうち約3分の1の個体は、私が学生時代を過ごした東京大学総合研究博物館の作業室で解剖してきた。残りの3分の2はほかの博物館などで解剖した。

キリンの遺体はトラックに載せられてやってくる。県外の動物園から献体していただいた場合は当然、高速道路を使って運ばれてくる。遠方の動物園から運ぶ場合は、トラックの運転手さんがサービスエリアで休憩を取ることもある。キリンを載せたトラックが高速道路を走り、サービスエリアの駐車場で休憩しているだなんて、一体誰が思うだろうか。

今回も事故に遭わずに到着してよかったなあなどと思いながら待っていると、真っ青な車体に真っ赤なクレーンを携えた大型のトラックが向かってくるのが見えた。長年遺体の搬送を依頼している業者さん（もちろん本業が遺体の運送というわけではない）のトラックだ。裏手の人目につきにくい場所にトラックを停め、荷台のブルーシートをめくると、キリンの遺体が現れる。

業者のお兄さんは、慣れた手つきでキリンの遺体にワイヤをかけ、トラックに搭載されたクレーンを使って荷台から遺体を降ろしていく。キリンの長い脚、長い首、頭、胴体……。搬送の過程でいくつかのパーツに分けられた遺体をトラックから降ろし、台車に載せ、解剖室へと運んでいく。解剖の一連の作業で一番体力を使うのが、この遺体の搬入作業だ。

さきほど説明した通り、大人のキリンの身長は4〜5ｍほど。大人のキリン1頭の遺体を横たえるのに必要なスペースは、おおよそ12帖になる。やや広めのワンルームくらいだ。

首や四肢だけの解剖ならば、もっと小さなスペースでも作業が可能だ。

キリンの体重は、オスでは約１２００㎏、メスでは約８００㎏。車１台分くらいだ。１人でキリンの遺体を移動するのは難しいが、数人いれば押したり引いたりはできる。まあ、キリンの遺体を搬入した翌日は、広背筋や上腕二頭筋が悲鳴をあげることにはなるけれど。

首を解剖する

キリンの首を数人がかりで運び、解剖台の上に横たえる。平均的な大人のキリンでは、首の長さは約２ｍ、重さは１００〜１５０㎏くらいだ。頭の重さが30㎏ほどなので、首から頭までの重さはおおよそ１３０〜１８０㎏。横綱白鵬関（身長１９２㎝、体重１５５㎏）とほとんど同じサイズだ。

オスのキリンは、メスを巡って互いの首をぶつけ合う「ネッキング」という闘争行動を行うことが知られているが、これは白鵬関同士の立合いのようなものということだ。残念ながら私は白鵬関とぶつかり稽古をしたことがないので想像でしかないが、かなり大きな

衝撃が首に加わるに違いない。よく首が折れないものだなあと感心する。
記録用の遺体の写真を数枚撮ったら、カメラを置き、解剖刀を手に取る。いよいよだ。研ぎたての解剖刀をそっと皮膚にあて、皮膚に切れ目をいれていく。皮膚によって押さえつけられていた真っ赤な筋肉が、切れ目の隙間からせり上がってくる。大事な筋肉を傷つけないよう、丁寧に全身の皮膚を剥いでいく。
剥皮《はくひ》が終わったら、解剖刀からメスとピンセットに持ち替え、脂肪などの皮下組織や分厚い筋膜を丁寧に取り除いていく。隠されていた複雑な筋肉の構造が、徐々に姿を現わす。筋肉の付着する場所や走行[*1]を確認し、一旦メスを置く。再び写真を撮影したら、鉛筆を持ち、スケッチブックを開く。

さて、今回はどんな発見があるだろうか。以前解明できなかった謎を、今度こそ明らかにすることができるだろうか。何頭解剖しても変わらない期待と不安を抱えながら、目の前の遺体に向き合う。キリンの体に隠された謎に挑むのが、私の仕事だ。

骨格標本の作り方

解剖を終えたら、最後は骨格標本の作成に取り掛かる。

骨格標本にはいくつかの作り方がある。一般的な家庭でもできる方法だと、地面に埋める、水に漬ける、鍋で煮るなど。虫に食べさせる、という作り方もある。私がキリンの骨格標本を作る際は、鍋で煮る方式をとっている。もちろん、普通のお鍋ではない。「晒骨《しゃこつ》

*1 走行　筋肉のスタート地点から終点までの経路。

機《き》」と呼ばれる、長さ２ｍ、高さ１ｍ、幅１ｍほどの巨大な機械を使い、骨格標本を作っている。

皮膚や筋肉を削ぎ落としたキリンの遺体を晒骨機の中に入れ、75度で2、3週間ほど煮込む。すると、骨の周りにくっついていた筋肉や腱はすっかり柔らかくなり、水で流すと簡単に外れるようになる。鍋で骨付肉をじっくり煮込むと、肉が柔らかくなり、骨からほろほろと剥がれていくのと同じだ。鍋から骨を取り出して、残った肉片や油を水で洗い流す。あとは乾燥させれば、きれいな骨格標本の完成だ。

骨格標本の作りやすさは、動物によって大きく変わる。キリンの骨格標本を作成したことがある人ならば全員同意してくれると思うのだが、キリンはきれいな骨格標本が作りやすい動物だ。ポイントは、油だ。キリンは体に蓄えられている油の量が少ないうえに、骨から油が抜けやすいのだ。

例えば、海の中で生活するクジラやアザラシのなかまなどは、海中で体温を維持するために大量の皮下脂肪を身にまとっている。これらの動物は、鍋で煮込んでも骨から油が抜け切らず、表面には油が浮き上がり、なんだか茶色っぽい見た目になる。この状態のまま骨格標本を袋に密閉してしまうと、滲み出た油で骨の表面にカビが生えてしまうこともある。きれいな骨格標本を作るには、薬剤を使ったり、長期間水につけたり、なんらかの工夫が必要だ。

アフリカに生息するキリンは脂肪の量が極めて少なく、油との闘いはほぼないに等しいため、簡単にきれいなクリーム色の美しい骨格標本が作れる。事情を知らない研究室の後輩からは、よく「郡司さんは骨格標本を作るのがうまいですね」と尊敬されていたが、すごいのは私ではなく、キリンだ。標本が作りやすいところも、キリンの良いところだなと思う。

コラム

キリンの名前と解剖学者

きりん
きりん
だれがつけたの?
すずがなるような
ほしがふるような
日曜の朝があけたような
(後略)

出典『まど・みちお全詩集』

童謡「ぞうさん」の作詞で有名なまど・みちお先生の作品の中には、キリンについての詩が9編も存在している。これは、その作品の中の1つだ。

まど・みちお先生は、きっとキリンという名前をとても気に入ってくださっていたのだろう。私も大好きだ。気品があって凛とした雰囲気があり、子供でも発音しやすく、口ずさんでいるとなんだか楽しい気分になってくる。まさに、「すずがなるような、ほしがふるような、日曜の朝があけたような」、心が弾む響きをもつ言葉だと思う。ゾウやラクダ、パンダ、クジラのようなほかの人気動物と違って、濁音が入らないのも爽やかで良い。私の名前「ぐんじめぐ」は濁音が多く、清廉な感じとは程遠い。清音だけの名前に対する憧れもあって、より一層「キリン」という名を気に入っているのかもしれない。

さて、この素敵な名前、一体誰がつけたのだろうか？

キリンの名前の由来となったのは、古代中国の神話に現れる伝説上の霊獣「麒麟」。ビールのラベルでお馴染みの、あの霊獣である。

中国神話の世界では、麒麟は「慈悲深い王が世の中を支配しているときに必ず姿を現す」と伝えられている。眉間にシワが寄った恐ろしげな見た目に反して、平和を好む穏やかな性格をもち、吉兆を現す神聖な生き物だ。

日本や韓国では、首の長いあの動物のことを「キリン」と呼ぶが、麒麟発祥の地である中国では「長頸鹿（チャンチンルー）」と呼んでいる。実は、中国で動物のキリンのことを「麒麟」と呼んだことがはっきりと確認できるのは、たった一度きりである。

明（1368～1644年）の時代、アフリカに遠征した武将・鄭和《ていわ》は、ケニアからキリンを持ち帰り、お仕えしている永楽帝に「これが〝麒麟〟です」と奏上し、キリンを献上したそうだ。つまり、「あなたさまの善政のおかげで麒麟が現れました」というゴマスリのようなものだったのだろう。

この時の記録を読んだ江戸時代の蘭学者・桂川甫周国瑞《かつらがわほしゅうくにあきら》は、献上された動物の姿かたちの記述を読み解き、「洋書に書かれた〝ジラフ〟なる動物と、ここに記された〝麒麟〟なる動物は同一のものだろう」と推察した。これが、日本で初めてあの動物をキリンと呼んだ瞬間だ。

ちなみに甫周は、かの有名な『解体新書』の翻訳に関わった中心人物の1人だ。医者の家系に生まれた彼は、スウェーデンの医学者から外科術を学び、日本初の木造人頭模型の作成や、日本初となる顕微鏡の医学的利用など、江戸時代の医学の発展を支えた人物である。彼が解剖の現場に立ち会ったかどうかは諸説あるようだが、解剖学者と呼んでも差し支えがない経歴・知識をもっていたと言えよう。

　そしてなんと彼は、初めて動物のキリンの絵を描いた日本人だともされている。１７８９年頃、彼はポーランドの博物学者が著した本の中に描かれたジラフの絵を参考に、キリンの絵を描いたそうだ。
　甫周は、本物のキリンを見たことはなかったと考えられている。実際、彼の描いたキリンの絵は、本物のキリンとは程遠い水玉模様をしているうえ、実物よりはるかに手足が短くアンバランスに描かれている。見たことがなかったというのも納得だ。
　ただし個人的には、甫周の絵は元絵であるポーランドの研究者が描いたものより胴が短く、より実物のキリンに似ているように思う。元の絵はウマみたいな姿をしていて、あれを見てキリンだとわかる人は多くないと思うのだが、甫周の絵はきちんとキリンであることがわかる。キリンという動物を見たことがない人が描いたにしては、上出来だ。少なくとも、子供の頃の私が描いたキリンの絵よりは、はるかにうまい。

キリンという名の起こりに、「解体新書」に縁が深い解剖学者が関わっているのをみると、江戸時代から、解剖学に造詣がある人物はキリンに心惹かれていたのかな、とキリンの解剖学者として感慨深い気持ちになる。

甫周が生まれてくるのが200年ほど遅かったら、きっと今頃、私と一緒にキリンの解剖をしていたに違いない。

第2章 キリン研究者への道

キリンとの出会い

1990年

キリンが、好きだ。

キリンと出会った瞬間や、初めてキリンを好きだと思った瞬間のことは、よく覚えていない。ただ、1歳半くらいの頃に近所の写真館で撮った記念写真には、2頭のキリンのぬいぐるみに囲まれた私の姿が写っている。3歳頃に初めて動物園に連れて行ってもらったときには、キリン舎の前からしばらく動かなかったらしい。そういえば、木で作られた小さなキリンのおもちゃも持っていた。幼稚園時代の絵には、下手くそなキリンが描かれている。

どれもこれも記憶がないくらい小さな頃の話なので、一体キリンの何にそんなに惹き付けられたのかは自分でも全くわからない。

物心ついた頃からは、NHKの「生きもの地球紀行」をよく見ていて、動物の行動や進

1歳半くらいの著者（左）と、3歳の頃に描いた絵（右）。記念写真のキリンのぬいぐるみは写真館に置いてあったもので、自分で選んだらしい。3歳の頃のキリンの絵はなぜか縞模様に描かれている。右上にはUFOが……。

化に関わることに興味をもっていた。なので、進化の象徴ともいえるキリンの存在に強く惹かれたのかもしれない。大きいものへの憧れもあったんじゃないかと思う。

　とにかく、幼少期の私はキリンに魅了されていた。

　子供の頃からキリンが好きだったとはいっても、幼少期からずっとキリンの研究者を目指していたわけではない。中学高校時代は部活や勉強が楽しくて、キリンが大好きであったことも頭の片隅に追いやられていたくらいだ。ときたま１人でフラッと動物園へ遊びにいくことはあったが、熱狂的にキリンを追いかけていたわけではなかった。

転機は、18歳の春に訪れた。第一志望の東京大学に入学して浮かれ気分だった私は、4月の半ば、友人と共に大学主催の「生命科学シンポジウム」を聴講しに行った。その友人は、「研究者になりたいんだ」と言い、登壇者の先生たちの話に聞き入っていた。

私よりもはるかに優秀な友人が研究者になるべく動き出しているのを目の当たりにして、「そうか、もう将来の夢を実現するために動き始める時期なのか」と初めて意識した。それと同時に、4年間の大学生活を通して、この先40年以上もの長い時間を費やす職業を選択しなければならないことにも気がついた。

私は一体、どんな仕事をしたいのだろうか。シンポジウムの最中、漠然とそんなことを考えていた。キラキラした顔で楽しそうに自身の研究を語るシンポジウムの登壇者を見ていたら、「人生の大半を仕事に費やすのならば、この先生たちみたいに一生楽しめる大好きなものを仕事にしたいなあ」という思いが生まれてきた。

じゃあ、一生楽しめるものってなんだろう？　大変なことがあっても、ずっと楽しく好きでいられるものなんて、あるだろうか？　未来の自分を思い描こうとしても、あまりうまくイメージできない。

ならば発想を変えてみよう。そう思い、まずは「生まれてから今までずっと好きなもの」を考えてみることにした。物心ついた頃から15年くらいずっと好きだったものならば、この先もずっと好きでいられるんじゃないだろうか。

答えはすぐに出た。生き物だ。東京生まれ東京育ちなので、大自然の中で生き物を追い回すような幼少期は送っていなかったが、いつも身近には何らかの生き物がいた。カエルの卵を採ってきて孵化させたり、チョウやカブトムシを育てたり。自宅で捕獲したヤモリが産んだ卵を孵化させ、大きくなるまで飼育したこともあった。ハムスターや文鳥、犬も飼っていた。

生き物を特集したテレビ番組は欠かさず視ていたし、動物園も大好きだった。動物の研究ができたら楽しいだろうなあ、と思った。そしてふと思い出した。

「そういえば、私、動物のなかでも特にキリンが好きだったなあ」

分子生物学の時代の中で

2008年　4月

キリンの姿かたちの奇妙さや穏やかなたたずまいが、昔からとても好きだった。動物園では何時間でも見ていられた。

誰もが一度は見たことがある有名な動物で、「進化の象徴」ともいえる存在だ。研究対象としても申し分ないのではないだろうか。一度そう思ったら、キリン以外の研究対象を考えられなくなってしまった。うん、キリンの研究をしよう。きっと楽しい人生が送れるに違いない。

ところが、そんな風に決意を固め一念発起したところで、どうやったらキリンの研究ができるのかは皆目見当がつかない。そもそも大学1年生の私は、研究とはどんなものかもわかっていなかった。

しかしここは天下の東大なのだから、どうやったらキリンの研究ができるかを教えてくれる先生がきっといるに違いない。学内にはさまざまな専門分野の先生が在籍していたし、外部の研究者を招いたセミナーやシンポジウムも校内で頻繁に開催されていた。授業の合間を縫ってそれらに出席し、生理学、行動学、発生学、生態学、古生物学などさまざまな分野の専門家から話を聴くことにした。当時はキリンの行動の研究に漠然と興味があったこともあり、行動学の先生方には特にたくさん話を伺った。

しかし時は既に2008年。生物学の本流は分子生物学にあった。大腸菌やショウジョウバエ、マウスなどの実験動物を使い、遺伝子やタンパク質の働きを調べてミクロなレベルで生命現象を理解することを目的とした研究が隆盛を極め、動物を1個体あるいは群れ単位で扱うマクロな視点の研究は下火となっていた。

シカやサル、イノシシ、クマなど、農作物へ被害を与えるような野生動物の行動や生態を調べている研究室はあったが、残念ながら国内には人間の生活に影響を与える野生のキリンはいない。「キリンの研究ができますよ」などと喧伝している研究室や教員には全く出会えなかった。

仕方がない。すぐにキリンを研究することはできないかもしれないけれど、まずは行動学や生理学を専攻して一人前の研究者になろう。そうすれば、いずれはキリンの研究にだってきっとたどり着ける。いつかその時が来たらチャンスをつかめるように、今からしっかりと準備をしよう。自分にそう言い聞かせ、行動学の研究室に〝修行〟と称して出入りしながら、大学1年生の夏を過ごすことにした。

「解剖男」との出会い

2008年　10月

ところが、チャンスは思いのほかすぐにやってきた。

入学から半年経った2008年の秋、後期の履修を決めようと分厚いシラバス[*2]を家でパラパラとめくっていたら、「博物館と遺体」という不穏な名前の全学自由研究ゼミナールが目にとまった。

全学自由研究ゼミナール（全学ゼミ）とは、1・2年生を対象とした少人数で行うゼミ形式の授業だ。そこに記載されていた担当教授の名前に、見覚えがあった。大学に入学する少し前に見た、NHK「爆笑問題とニッポンの教養」という番組に出演していた遠藤秀紀先生だった。

遠藤先生は、動物園からさまざまな動物の遺体を引き取って解剖し体の中に隠された進化の謎を解き明かしている方だ。「解剖男」を自称し、番組内ではアリクイの顎の使い方やパンダの手の構造について話していた。

番組放映当時は京都大学に所属していたはずだが、私の入学と同時期に東京大学へと異動していたらしい。この先生のもとならば、キリンの研究ができるかもしれない。そう思い、全学ゼミの説明会へと向かった。

説明会は、大学のキャンパスの片隅にある小さな教室で行われた。確か、よく晴れた10月の夕暮れ時で、強い西日が教室に差し込んでいた。説明会の開始時間の数分前に到着すると、教室にはすでに20人くらいの学生がおり、思い思いの場所に座っていた。時間になるとテレビで見たままの姿の遠藤先生が現れ、息つく暇もなく、博物館のこと、解剖のこと、標本収集のことを一気に説明した。

*2　**シラバス**　その学期に開講される授業についての情報をまとめた冊子。授業の内容や進め方、担当教員の名前などが記されている。

先生は最後に、「これじゃあ人数が多すぎてうちの解剖室には入れないから、全員の受講は認められません。第1回、第2回と20人を2班に分けてもいいのだけれど、せっかくだから人数を絞ろうと思う。少数精鋭でいこう。紙を配るので、どうして今日ここに来たのか、この講義を取ろうと思ったのか、自由に書いてください。その紙を見て、参加者を選びたいと思う」と言って、紙を配り始めた。

渡された真っ白な紙に、長々と主義主張を書いたようにも思うが、最後は一言、簡潔にこう書いた。

「キリンの研究がしたいんです」

博物館と遺体

2008年 11月

数日後、遠藤先生から全学ゼミの受講者選考を通過したとのメールが届いた。

集合時間、場所、持ち物などの連絡事項が書かれたメールの末尾には、「間もなくマダガスカルへ調査に出て2週間ほど戻らないので、しばらく連絡が難しいかもしれないのですが、心配せずに当日を迎えてください」という、いかにも大学の先生らしい言葉が並んでいた。

待ち合わせ場所である東京大学総合研究博物館を訪れると、すでに遠藤先生が入り口で待っていた。全学ゼミのメンバーは全部で10名に絞られたようだ。獣医学部に進学が決まっている学生から文系の学生まで、幅広い分野の学生が選ばれていた。

博物館のトイレで汚れてもいい服装に着替えた後、先生に連れられて博物館の地下へ向かった。早速解剖をするらしい。一体何の解剖をするんだろうか。期待と不安が胸に広がる。これまで、魚やカエルの解剖をしたことはあったが、哺乳類の解剖をしたことはなかった。気持ち悪くならないかな。臭いはどんな感じだろうか。血がたくさん出るんだろうな。かわいそうで解剖できないかも。

あれこれ考えながら解剖室の扉をくぐると、真っ白なトレーの上に横たわるコアラが目に飛び込んできた。隣には、アザラシらしき動物の生首。アナグマ、ニホンザル、烏骨鶏《うこっけい》も置かれていた。

ゴム手袋をつけ、コアラをそっと撫でてみる。かわいい。死んでしまっているので、当然動かないし、温かくもない。けれど、かわいいものはかわいい。

どうやって木にしがみついているのだろう？　と考えながら、手や足を持って動かしてみる。こんなことは、生きているコアラ相手では絶対にできない。遺体だからこそできることだ。触って動かしていると、筋肉や骨格がどうなっているのか気になってきた。意を決してメスを持ち、少しずつ皮膚を剥がしていく。ふと周りを見ると、ほかの受講生もおそるおそる解剖を始めていた。

死因解剖の際に内臓を取り出しているからか、思っていたほど血はでてこない。もこもこの毛皮の下から、くすんだ赤色の筋肉が見えてきた。いくつもの筋肉の束が層状に重なっているのがわかる。一体何という名前の筋肉だろう。どんな役割があるのだろうか。

一度解剖を始めたら、事前の不安な気持ちなど吹き飛んで、夢中になっていた。嫌悪感や罪悪感などは全くなかった。解剖されている動物たちは、病気や寿命、事故などで亡くなってしまった個体で、解剖のために殺されたわけではなかったのも罪悪感が湧かなかった一因かもしれない。あるいは、あまりにも刺激的で嫌悪を感じる余裕がなかったのかもしれない。

知的好奇心が刺激され、満たされていく気持ちよさが脳内いっぱいに広がっていった。解剖すればするほど、その動物のことをどんどん好きになっていくような気がした。

キリンの解剖、できますか？

解剖前に遠藤先生に教えてもらったことは、たった1つ。メスの握り方だけだ。何も知識がない状態でとりあえず自由に感じてみてよ、という方針だった。事前にさまざまな情報を教えてくれる通常の講義とは全く異なるやり方だったが、頭だけでなく五感をフルに使って学ぶという経験は初めてで、強烈に印象に残った。

ふわふわもこもこのコアラは、想像よりもはるかに華奢な骨格をしていること。バイカルアザラシの眼球はピンポン球と同じくらいの大きさで、ヒトの眼球の2倍近くもあること。ニホンザルの内臓は酸っぱいような強い臭いがすること。烏骨鶏は羽だけでなく骨まで黒いこと。

この日、私は、日常生活の中では到底できないような発見をたくさんした。そして何より、解剖の面白さに初めて触れた。解剖ならば、自分の好きなだけじっくり観察できるし、あらゆる場所を触ることができる。非日常的な刺激に胸の高鳴りが抑えられない。キリンの解剖をしてみたい。そんな欲求が心の奥底から湧き上がってくるのを感じた。

実習の休憩時間、先生が淹れてくれたお茶を飲みながら、「キリンの研究がしたいんです」と先生に伝えてみた。これまで何人もの先生に同じ言葉を伝え、そのたび「キリンの研究は、すぐには難しいんじゃないかなあ」、「私の研究室では無理だなあ」、「研究者として独り立ちした後にチャレンジしたら？」と言われてきた。今回もそう言われてしまうだろうか。

先生は、ドキドキしている私の方を見て、笑顔でさらっとこう答えた。

「キリン？　キリンの遺体は結構頻繁に手に入るから、解剖のチャンスは多いよ。研究できるんじゃないかな。機会があったら連絡するよ」

あまりにもあっさり「キリンの研究できるよ」というので、拍子抜けしてしまった。そっか、キリンの研究、できるんだ。「キリンの遺体が頻繁に手に入る」なんて冗談だろうけれど、キリン研究者への道が見えてきたような気がした。

そして、遠藤先生との出会いから２ヶ月ほど経ったある日。冬休みを目前に控えた２００８年12月22日。思っていたよりもずっと早く、その瞬間は訪れた。午前中の授業が終わり、昼食を食べようと教室の外に出た時、遠藤先生から１通のメールが届いた。

「全学ゼミの皆さん　早速なのですが、イレギュラーな機会が生じています。兵庫の動物園でキリンが亡くなりまして、私、これを今晩中に総合研究博物館へ運びます。予定通りなら、23日の昼くらいから地下で作業を行いますので、時間のある方は、心して待っていてください。　遠藤」

これが、私にとって初めてのキリン〝解体〟となった。

初めてのキリン「夏子」

2008年　12月

そのキリンの名は、「夏子」。神戸市立王子動物園で飼育されていたメスのマサイキリンだった。当時の私より7歳も年上の、26歳の立派な大人のキリンだった。

実は、このキリンの名前や年齢については、随分時間が経ってからあらためて調べて知った。当時の私はキリンの解体に参加できることに夢中で、そのキリンの名前や年齢などに気を配る余裕はなかったのだろう。なにせその時は、これが最初で最後の経験に違いないと思っていたのだ。まさかその先10年にわたって、30頭ものキリンを解剖することになるとは夢にも思っていなかった。

これまで、キリン以外にもゾウやサイなどさまざまな動物を解剖してきたが、自分よりも年上の動物を解剖するときにはいつも特別な緊張感がある。遺体に対してはいつだって敬意をもって接しているが、相手が年上のときは、どこか試されているような気持ちになって、畏れにも似た感情が湧いてくるのだ。

私の年齢はすでに現在の国内最高齢キリンの年齢を上回ってしまったので、もうこれからは年上のキリンと出会うことはない。だからこそ、これまでに向き合ってきた年上のキリンたちには、ほかのキリンとは違った特別な思い入れがある。夏子はその中の1頭だ。

キリンの「解体」

初めてのキリン解体は、とにかく刺激的だった。

作業当日は休日で、大学内は閑散としていた。連絡された時間に東大博を訪れると、ブルーシートで覆われた一角に、バラバラのキリンの遺体がひっそりと横たわっていた。

「じゃあ、郡司さんは、後肢《こうし》の皮膚と筋肉を外していって」

遠藤研の院生さんの指示に従い、地面に横たえられた自分の身長よりも大きな脚に近づく。作業がしやすいよう、どこかから拾ってきたと思しき古びたロッカーと黒板で即席解剖台を作り、その上にキリンの後ろ脚を載せる。脚1本を持ち上げるだけでも、数人がかりの大仕事だ。

ブルーシートのせいで少し青みがかったキリンの皮膚を、そっと撫でる。初めて触れるキリンの脚だ。短い毛足が気持ちいい。生まれて初めて手にした刃渡り17㎝の解剖刀をキリンの脚にあてがい、慎重に皮膚を切り開いていく。

皮膚を手かぎで引っ張りながら、太腿から蹄に向かってゆっくり丁寧に皮を剥がしてい

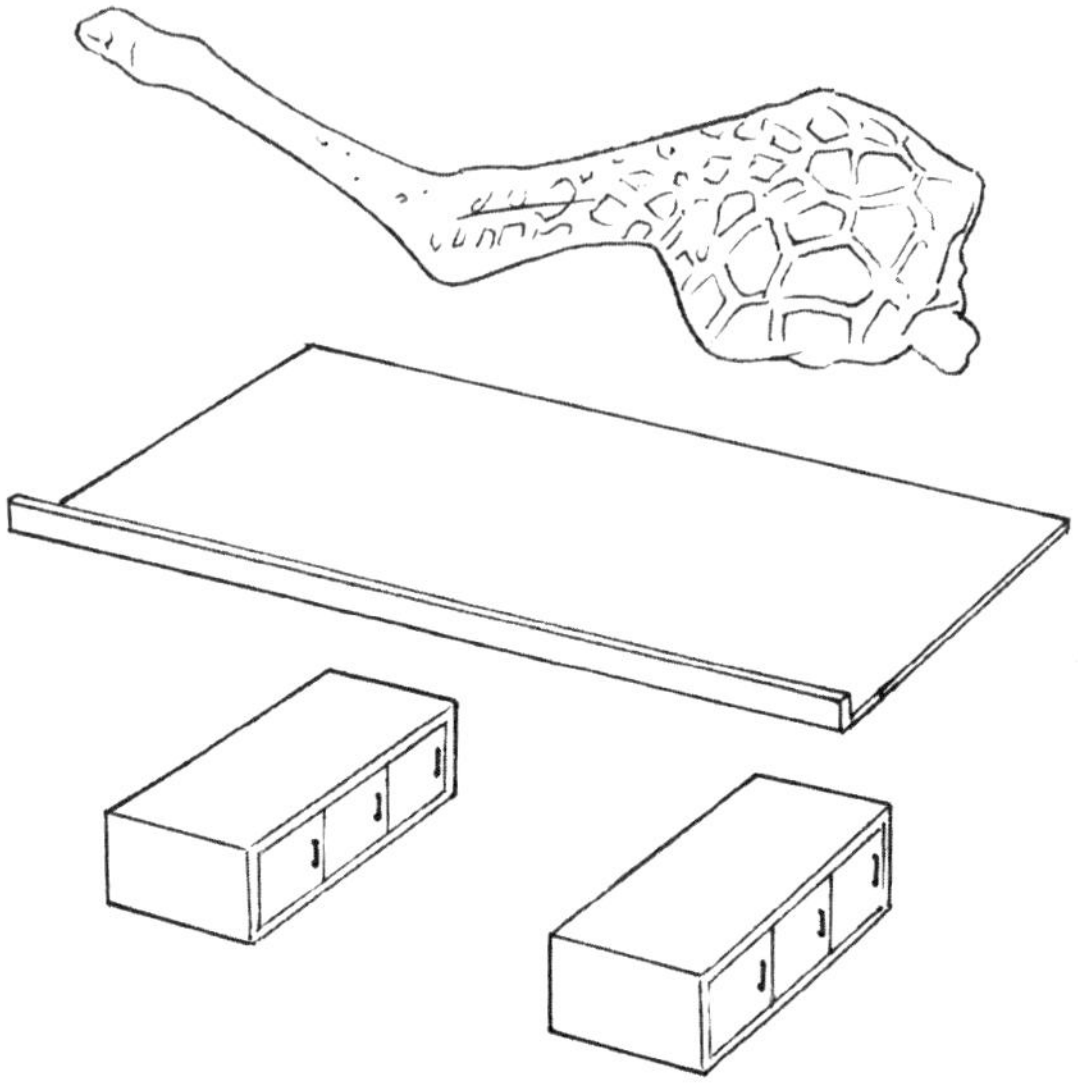

く。すると、私の腕と同じくらいの太さの立派なアキレス腱が見えてくる。骨と見紛うくらい太く真っ白なアキレス腱を切断すると、かかとにかかっていた張力がなくなり、かかとの関節が緩む。さっきまで動かせなかったかかとが、簡単に曲がるようになった。

ふと目をあげると、隣では院生さんが、ヒト1人がすっぽりと収まりそうな大きさの胴体にしがみつき、肋骨を丁寧に1本ずつ外していた。その奥では、真剣な表情でキリンの生首に向き合っている遠藤先生の姿が見えた。

この非日常の極みともいえる状況に、私はすっかり虜になってしまった。いつ

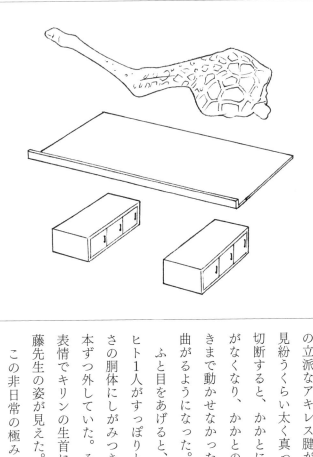

までも心臓がドキドキしていた。解体作業自体は1日で終わったのだが、遠藤先生にお願いして、翌日のクリスマスイブも翌々日のクリスマスも東大博で作業させてもらった。あまりよく覚えていないのだが、当時の写真を見返してみると、耳の軟骨をきれいに摘出してみたり、素人なりに頭の筋肉を観察してみたりしたようだ。

「解剖」と「解体」

ここまで読んで気になっている方もいるかもしれないが、私の作業には、「解剖」と「解体」という2つのパターンがある。「解剖」はじっくりと時間をかけ、筋肉の配置や筋繊維の走行を記録するような作業のことだ。研究のデータを取るときは「解剖」である。一方で「解体」は、マグロの解体のようにただ皮膚や筋肉を外していくだけの作業のことを指す。骨格標本を作るための作業だ。「除肉」ともいう。

研究室では「今日は解剖するの？」「いや、今回は見たい筋肉がそぎ落とされていたから、解体かなぁ」とか「かなり状態がいい標本が手に入ったから、今回はじっくり解剖するつもり」「ようやく解剖が終わって、あとは除肉するだけだよ」などといったやり取りがよく行われていた。

少し前に、初めて遠藤先生のところを訪れた際にコアラや烏骨鶏の解剖をしたことについて書いたが、あれは解剖ではなく解体である。始めの頃は、筋肉の名前も構造もよくわかっておらず、単なる「解体」作業であった。

解体作業は、骨さえ壊さなければ、皮膚や筋肉をどれだけいじっても何の問題もない。特に、キリンのような大きな動物の場合、素人が作業に加わっても、骨を折ってしまうようなことはそうそうない。それに、体の一部を持ち上げるだけでも重労働なので、人手が多いほどありがたい。

そんな理由もあって、大学時代の4年間、私は大型動物の解体・骨格標本作成のお手伝い要員として、遠藤研究室に出入りし続けることとなる。そしてその過程で、解剖学や形態学の基礎を学んでいった。

コラム

年上の動物

キリンの寿命は飼育下でも20〜30年ほどなので、自分より年上といってもたかが知れている。これまで解剖に立ち会った中で最も高齢の動物は、井の頭自然文化園で飼育されていたアジアゾウのはな子だ。享年69歳。なんとはな子は私の両親よりも年上だった。

実家が井の頭公園の近くだったので、私が生まれて初めて見た生きたゾウははな子だったし、生前のはな子には何度も会いに行っていた。２０16年5月、ニュースで訃報を目にした時には、真っ先に遠藤先生に遺体の行方を聞きにいった。遺体がどうなるのかも把握しないうちに解剖の準備を始めたのは、この時だけだ。

ゾウの解剖は大仕事だ。キリンは慣れれば1人でも解剖することができるが、ゾウの解剖はチーム戦だ。1人では、ゾウの脚1本を持ち上げることすらできない。

はな子を解剖するとき、動物園のスタッフさんたちに混じってお手伝いをしていたら、ある動物園の獣医さんに「お前、筋がいいな！　どこの園の者だ？」と尋ねられ、思わず笑ってしまった。「東大の学生で、これが本職なんです」と答えると、今度は獣医さんの方が笑っていた。

その後、はな子の遺体は骨格標本となり、茨城県つくば市にある国立科学博物館の収蔵棟にて保管されている。骨格標本に付与される標本番号（個体を識別する登録番号）は、データベースに登録された順に連番で振っていくのが普通だが、科博の担当者の意向で、はな子の標本には末尾3桁が「875（はなこ）」となる番号が与えられた。

科博の収蔵庫では、ゾウの骨格標本とキリンの骨格標本は隣り合って置かれているので、キリンの標本を見に行くと、はな子の標本が必ず目に入るようになっている。ほかのどの標本よりも生前の姿をよく知っている個体なので、用がなくても近づき、意味もなく骨を触ってしまう。

はな子の骨格標本のすぐ近くには、はな子が上野動物園で飼育されていた頃、共に過ごした兄貴分のアジアゾウ「ジャンボ」の骨格標本が置かれている。はな子の上野時代を共にしたもう1頭のアジアゾウ「インディラ」の骨格標本も科博が所有しているが、現在は上野の本館にて展示されている。

はな子は、1954年に上野動物園から井の頭自然文化園へと移動され、2016年に亡くなるまで、その長い生涯を1頭で過ごした。はな子・ジャンボとインディラは、今は筑波と上野で離れ離れだが、いつかこの3頭が再び一堂に会する日が来たらいいな、と心から思っている。

「年上」とは少し違うかもしれないが、もう1頭、私よりもはるかに長い時間を生きているとても大事な標本がある。ファンジという名のキリンの剥製《はくせい》だ。

ファンジは、今から100年以上も前、1907年に日本に初めてやってきたキリンである。上野動物園で飼育され、多くの人々に愛された子だ。

1907年3月15日、横浜港に到着したオスの「ファンジ」とメスの「グレー」は、大八車で上野動物園まで運ばれ、一般公開を待たずして多くの人の目に触れ、大人気となったらしい。キリンが公開された年の上野動物園の年間来園者数は、開園以来初めて100万人を超えたというのだから、その人気っぷりは凄まじかったようだ。

残念ながら、2頭のキリンは1年ほどで立て続けに亡くなってしまい、剥製として東京帝室博物館（現・東京国立博物館）で展示されることとなった。当時の写真には、しっかり立って首をまっすぐに伸ばしたグレーの剥製と、前肢《ぜんし》を広げて頭を下げた状態のファンジの剥製が、1階の展示室に並んでいる様子がしっかりと記録されている。

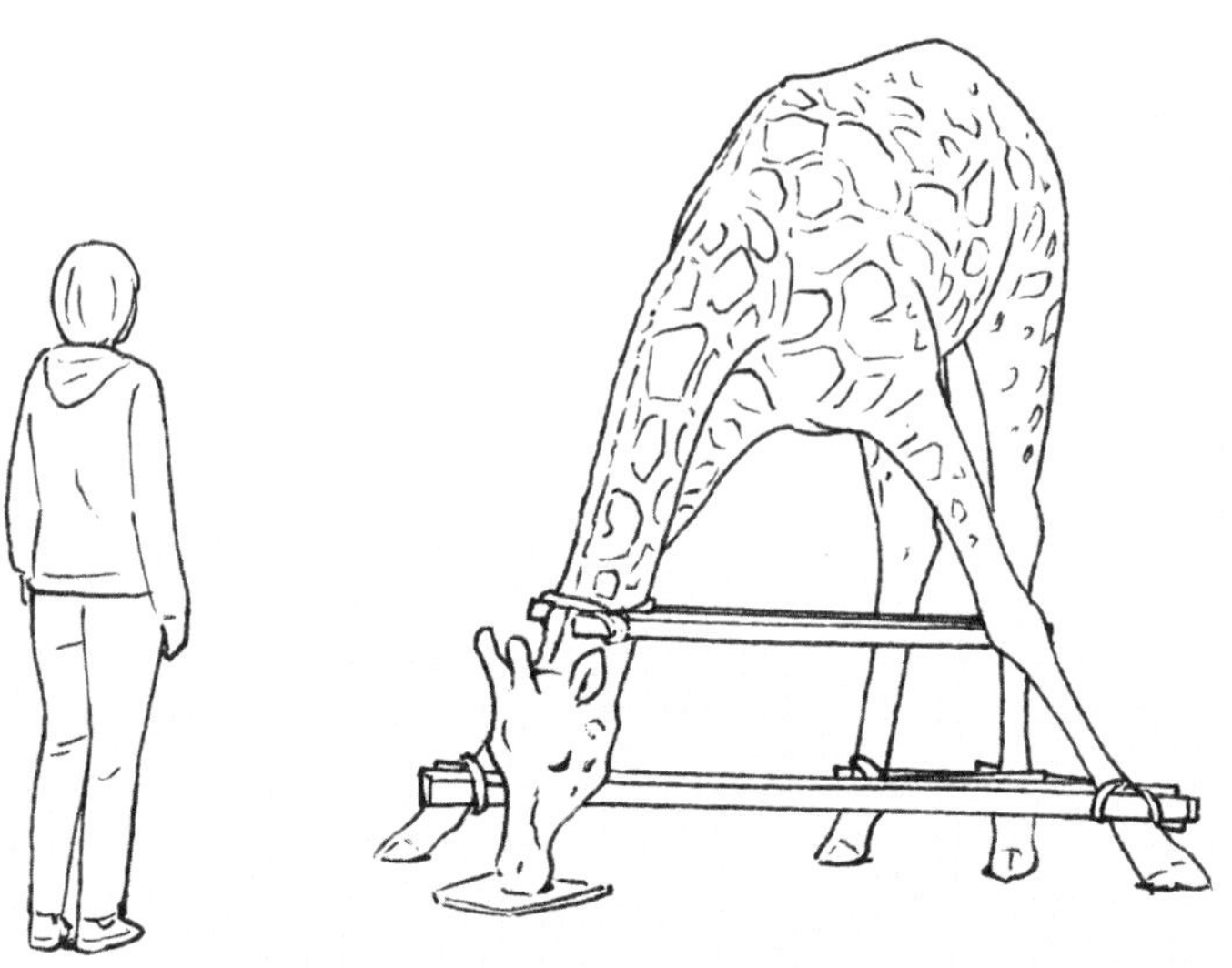

その後、ファンジの剥製は、国立科学博物館の前身となる東京博物館に譲渡され、今でも国立科学博物館の収蔵棟にて大切に保管されている。アジアゾウのはな子の骨格標本が保管されているのと同じ建物だ。はな子は1階、ファンジは7階に収められている。

まっすぐ立った姿勢のキリンの剥製はたくさんあるけれど、ファンジのように頭を下げて水を飲むときの姿勢で作られた剥製は少ないように思う。キリンはオスの方が背が高いので、展示室の天井高の都合上、ファンジの頭を下げざるを得なかったのだろうか。

ファンジの剥製は100年以上も前

に作られたものなので、皮膚の一部は裂け、中の芯材が露出してしまっている。剥製に入れられた義眼はただの濁ったガラス玉のようで、生き物の目とは程遠い。周囲に置かれたほかの剥製に比べて、お世辞にも美しいとはいえないし、生き生きともしていない。けれど、私はファンジの剥製がとても好きだ。キリンという動物が、時代を超え、多くの人々に愛されてきたことが実感できるからだ。

今は科博で研究員をしているので、研究が行き詰まったとき、頭が凝り固まったときは、ファンジの剥製に会いに行くようにしている。100年前に初めて渡来したキリンの姿は、いつも私の背中をぐっと押してくれる。

第3章 キリンの「解剖」

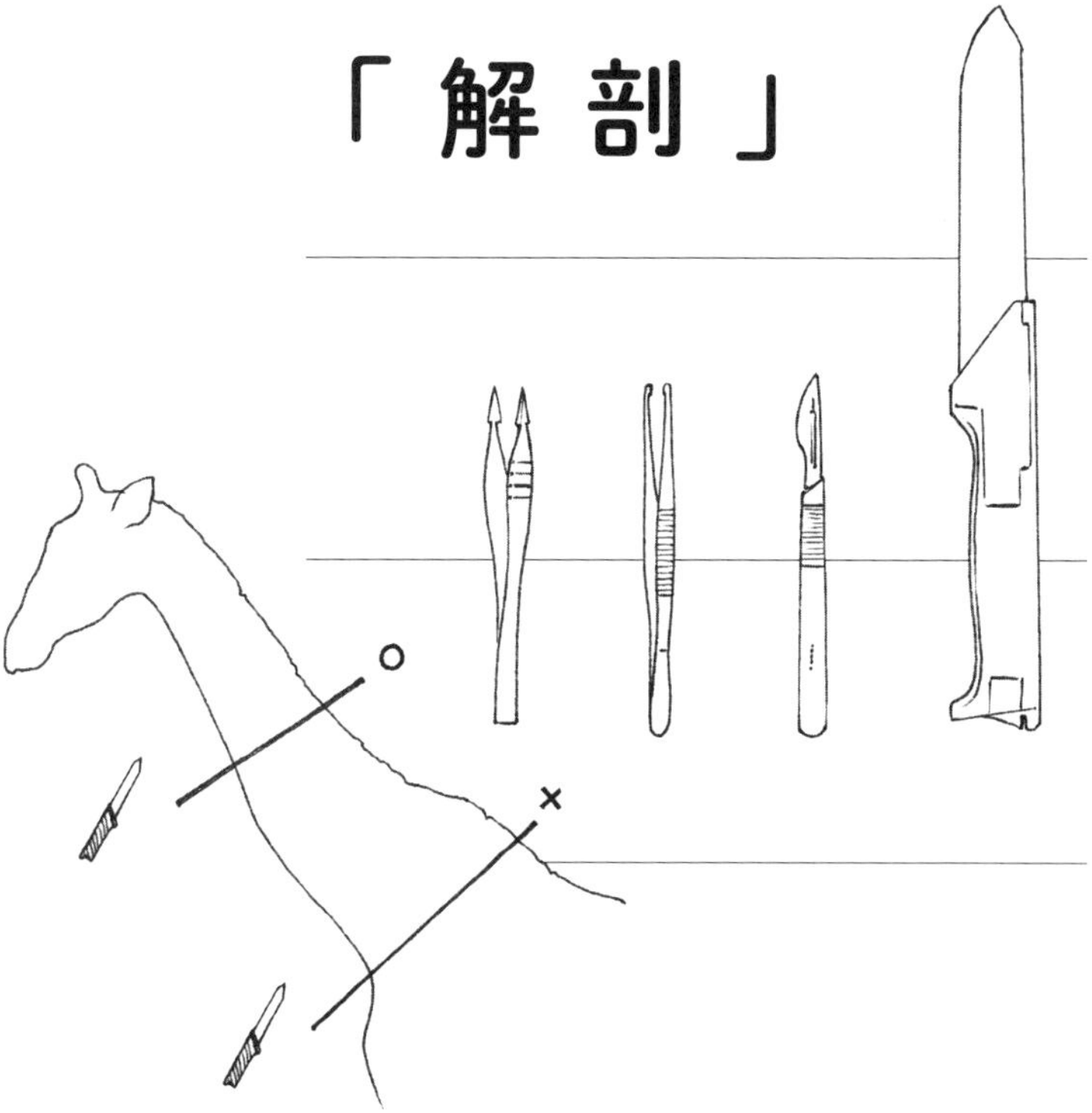

愛しのニーナ

2010年 12月

2010年のクリスマス直前。私は、東大博の解剖室で、キリンの首の前に座り込んで途方に暮れていた。

寒い。解剖室の室温は10度くらいだったろうか。室温が高いと遺体が腐りやすくなってしまうので、真冬でも暖房はつけないようにしている。解剖〝室〟とはいっても、ガレージのような小さな部屋で、隙間風がびゅんびゅん入り込んでくる。背中とおなかにカイロを貼り、分厚いトレーナーの上に汚れてもいいカッパを着込み、解剖室に横たわるキリンをじっと見つめていた。

目の前にいるのは、静岡の浜松市動物園で飼育されていた「ニーナ」というメスのキリンだ。ニーナはとても美人なキリンだった。顔立ちが整っていることもさることながら、何より網目の模様がくっきりとしてきれいだった。ニーナは、私にとって3頭目のキリンだった。そして、ある意味では、初めてのキリンでもあった。

ニーナは、アミメキリンだった。2008年冬に解体した「夏子」、2009年秋に解体した「神平」はともにマサイキリンだったので、ニーナは私にとって初めてのアミメキリンということになる。

アミメキリンは、多角形の斑紋から構成されるきれいな網目模様が特徴的なキリンだ。動物園で飼育されているのはほとんどがアミメキリンなので、「キリン」と聞いて一般的に思い浮かぶのはアミメキリンだろう。

一方、マサイキリンは、ギザギザした不規則な形の斑紋が特徴的なキリンだ。マサイキリンの無骨で野性味あふれる模様も魅力的で大好きなのだが、アミメキリンの整然としたくっきり美しい模様は、〝THEキリン〟という感じがして、とても素敵だ。

狭い解剖室の中で無機質なシルバーの解剖台に横たえられたニーナの遺体は、絵本や小説の中のワンシーンのような芸術的で幻想的な美しさを放っていた。解剖台に流れる血や、皮膚の間から覗く立派な筋肉は、亡くなっていてもなお強い生命力を感じさせた。生きていないからこそ、より強く生命の神秘を感じるのかもしれない。

いつもなら、解剖室は学生たちで賑わっている。ところが今は、狭い解剖室の中には私以外誰もいない。私と、ニーナの首だけだ。大勢でやる解体作業は既に終わっていた。今回は、「解体」ではない。「解剖」をするのだ。

そう、ニーナは、私にとって初めて「解剖」をした思い出のキリンなのだ。

「解体」から「解剖」へ

「すごくいい状態の遺体だから、キリンの研究をしてみたいなら、今回は解体じゃなくて解剖してみたら？」

遠藤先生からこんな提案をされたのは、いつものようにみんなでキリンの遺体を解剖室に運び込んでいる時だった。当時は研究室のお手伝い要員として、さまざまな動物の解体現場に参加させてもらっていたが、解剖に挑戦したことはなかった。筋肉の名前もろくに覚えていなかったので、きちんと解剖できる自信はまるでなかった。

そもそも解体作業は、筋肉が多い胴回りや四肢の除肉がメインだ。筋肉が少ない首周りは、皮膚を剥がしたあと、さほど筋肉をそぎ落とさずに晒骨機へ放り込み、肉ごと煮込んでしまうことが多い。そのため、当時の私は首の除肉すらやったことがなかった。首の筋肉の構造なんて、まるでわからなかった。

解剖室に運び込まれたニーナの首は、確かにきれいな状態だった。頭から首の根元までひとつながりになっていて、皮もついたままだ。動物園で行われた死因解剖によって喉のあたりは切り開かれてしまっていたが、それ以外はほとんど無傷だった。

「解剖」は、当時の私にとって憧れの言葉だった。「解剖」と「解体」は、似ているようで全く違う。ただ適当に肉を削ぎ落としていくだけの「解体」ならば、正解も不正解もない。知識も技術も必要ない。一方で、「解剖」には知識も技術も必須だ。体の構造が頭に入っていなければ、解剖はできない。

解剖に憧れたのは、日頃から解剖をしている周囲の院生さんたちの解体作業が、とてもきれいだったからだ。同じ作業であっても、解剖ができる人とできない人では、解体後の遺体の状態が全然違う。

解剖ができる人の場合、筋肉の構造が頭に入っているので、どこで筋肉を切断すればいいのかがわかっている。適切な位置で筋肉を外していくことができるため、解体作業後の骨は、ほとんど筋肉がついていない、とてもきれいな状態になる。

解剖ができない人の場合は、適当に肉を切り取っていくので、作業後の骨にはピンセットでもつかめないような細かい筋肉の断端が残ってしまう。最終的には鍋で煮込むことになるので、この時点で筋肉がどれほど残っていても骨格標本の出来不出来には関係ない。それでも、解剖経験者の諸先輩方によるきれいな除肉は、当時の私にとって憧れの対象だった。

滅多にない機会だ。次にこんな状態の良いキリンの遺体が手に入るのは、いつになるかわからない。解剖ができるようになりたい。キリンの首はどんな構造をしているのだろうか。向上心と好奇心が、不安な気持ちを上回っていた。この時の私に、挑戦する以外の選択肢などなかった。

「時間があるなら、何日かここに通って作業していいから、やってみなよ」という先生の優しい言葉に後押しされ、私は初めての解剖に挑戦することにした。

初めてのキリンの解剖は、苦い記憶として刻まれている。

4日間にわたった解剖は、ただただ、自分の無知さを痛感する時間だった。初めての「解体」が夢見心地の楽しい記憶なのに対し、初めての「解剖」は現実に直面したあまり思い出したくない記憶だ。


横たわったニーナの首の前に立ち、不安な気持ちを抱えながら、解剖刀を握る。自分を落ち着かせるために一息つき、ニーナの毛皮にそっと解剖刀をあてがう。

解剖でも解体でも、最初にやるべきことは皮を剥がすことだ。皮膚を剥がさなくては、中の筋肉は見えてこない。剥皮ならば、これまで何度もやってきた。皮膚に包まれた筋肉を傷つけないように、丁寧に皮膚を剥がしていく。

皮膚を剥がしたら、教科書に載っている解剖図に描かれたような筋肉の構造が見えてくるだろう。そう思っていた。解剖学書のコピーを横目で見ながら、付け焼き刃の知識をフル動員し、「首の表層にはまず板状筋《ばんじょうきん》があって、その下に最長筋《さいちょうきん》があって……」と、このあとの手順を考えながら手を動かす。

ところが、皮膚を剥がし終えたあと、目の前にあったのは白っぽい膜に覆われたキリンの首だった。解剖図に描かれたような、束に分かれた筋肉の姿はどこにもない。

この白い膜は、「筋膜」だ。文字どおり、筋肉を包む膜である。キリンのような大きな動物だと筋膜が非常に分厚く、それぞれの筋肉を包む筋膜同士が一体となり、境界がわからない。この分厚い筋膜を適切に切り開いていかないと、中に包まれた筋肉の構造は見えてこない。

どうしたものかと悩みながら、筋膜の周りについている脂肪や皮膚片をきれいに取り除いていく。とはいえ、このままでは埒があかない。いくら室温が低いからといって、このまま進まなければ、貴重な遺体が腐っていくだけだ。しばらく筋膜を突き回したあと、意を決して筋膜にメスを入れた。

目の前に広がるキリンの首の筋肉

切り開いた筋膜の隙間から、解剖図に描かれたような束状にまとまった筋肉の塊が現れた。「なんだ、これを取り除いていけば、筋肉が見えてくるのか」。ホッとして、調子よくメスを滑らせていく。切れ目を入れた筋膜の端をピンセットでつまみ、メスとハサミで切り取っていく。これが大間違いだった。

おかしいな、と思ったのは、取り外そうとしていた筋膜の一部分が、骨にがっしりとくっついているのを見つけた時だ。こんなこともあるのかな、と思って骨から剥がしていくが、どうも様子がおかしい。

それもそのはず、今私が取り外してしまったのは筋膜ではなく、筋肉の一部である「腱」だったからだ。キリンの場合、筋肉と骨を結びつける繊維性の丈夫な組織である腱が、筋膜と一体になっていることがある。何も考えずに筋膜を切り取っていたため、筋肉の一部である腱まで一緒に除去してしまったのだ。

解剖というのは、破壊的な作業だ。一度筋肉や腱を切り取ってしまったら、もう元には戻らない。筋膜と一緒に腱を取り除いてしまい、「骨のどの部分についていたのかわからない筋肉の束」が生み出されてしまった。後悔しても、もう遅い。

とはいえ、1つの失敗をしたからといって、こんな序盤で諦めるわけにはいかない。まだまだ先は長いのだ。幸いにして、首の筋肉というのは関節が多く、基本的に繰り返し構造になっている。1カ所で失敗してしまっても、ほかの部分で同様の構造を観察することが可能なのだ。

筋膜をじっくり観察し、腱を取り除かないように気を配りながら、解剖を進めていく。多少の失敗はあれどもなんとか筋膜を外し、表層の筋肉を露出させることができた。目の前には、細長い筋肉の束が幾重にも重なっている、複雑な首の構造があらわになっていた。

さあ、ここからが本番だ。解剖室に吹き込む隙間風に凍えながら、コピーしてもらった教科書に描かれたウシやヤギの解剖図を手に取り、目の前にあるキリンの遺体と見比べる。ところどころ端っこが切れてしまった筋肉をいじりつつ、「これが板状筋で、こっちが頸最長筋《けいさいちょうきん》？　いや、やっぱりこっちが板状筋？」などとブツブツ言いながら、解剖を進めていく。

無力感

解剖は、基本的に表層から深層へと向かって進めていく。深層の筋肉を観察するためには、表層の筋肉を剥がしていく必要がある。

首の最も表層を通っている紐状の細長い筋肉をつまみ、どこからどこへ向かっているかを確認する。解剖書と照らし合わせ、散々悩んで「これは板状筋だ」と結論づけ、取り外す。それなのに、深層の解剖を始めると、さきほどの「板状筋」らしきものが再登場したりする。こんなことは、解剖を始めたばかりの頃は本当によくあった。正直にいうと、そういうことは今でもたまにある。

こんな風に筋肉の名前が1個ずれてしまうと、これまで結論づけた筋肉の名称がドミノ式にどんどんずれ、わからなくなっていってしまう。「やっぱり、深層にあるこっちの筋肉が〇〇筋で、表層にある筋肉は××筋か？」などと思い直しても、その時には既に表層の筋肉は取り外してしまっているので、確認ができない場合も多い。

誰かに教えてもらおうにも、遠藤先生はニーナの遺体を届けるやいなや奄美大島へと標本採集に行ってしまったし、運悪くクリスマスなので院生さんもほとんど登校してきていない。頼りになるのは、コピーしてもらった数枚の解剖図だけだった。

4日後、ふと気がつくと、目の前のニーナの遺体はほとんどの筋肉がそぎ落とされ、骨だけになっていた。この4日間、毎日悪戦苦闘しながら解剖を続けてきたが、小さな発見1つなく、頭の中には無数の疑問が生まれただけであった。それどころか、「これが〇〇筋だ」と断言できる筋肉すら、1つもなかった。

「無力感」。その一言に尽きる。キリンの遺体に、解剖という名の破壊行為をし、何の新知見にもたどり着けなかった。知識の向上にも至れなかった。命を弄んでしまったかのような後味の悪さと罪悪感が、胸に重くのしかかってきたのを、今でもよく覚えている。

装置を通して得られた数字やアルファベットの羅列データではなく、生身の体を扱うことが、解剖の魅力でもあり、恐ろしさでもある。

リベンジマッチ

「キリンの解剖、とても楽しかったです。わからないことだらけで無力さも感じましたが、非常に勉強になりました。初めて「解剖」をしたぞ、と感じました。ありがとうございました」

ニーナの解剖が終わった後、私は遠藤先生にこんなメールを差し出した。無力さを噛み締めながら、精一杯の前向きなコメントを書いたのだろう。

対する先生の返事は、「どういたしまして。またきっとチャンスがあるから、少し頭が良くなってから（笑）、また挑戦してください」だ。こんなメールを受け取ったことなどすっかり忘れていたが、先生、結構容赦ない。とはいえ、先生の言う通りだ。もう少し知識をつけないと、キリンの首の構造を理解することはできない。そう痛感していた。

そんなやりとりをした3日後の２０１０年12月29日。私は、再び解剖室でキリンの首と向き合っていた。

目の前のキリンの名は「シロ」。平成元年生まれの21歳で、私と同い年のキリンだった。浜松市動物園で飼育されていた個体で、数日前に私が向き合っていた「ニーナ」のパートナーだった。ニーナの後を追うように亡くなってしまったのだ。

シロの首はニーナよりもひと回りほど大きく、解剖室内の机には載りきらなそうだった。院生さんに手伝ってもらいながら室外にベニヤ板で即席の解剖台を作り、そこにシロの遺体を横たえる。

残念ながら頭が良くなる時間はなかったが、前回の失敗や反省を忘れる時間もなかった。頭の中には、数日前まで格闘していたニーナの首の構造が刻まれている。

今度こそと思い、メスとピンセットを手に取った。

筋肉の名前

シロの解剖では、ニーナの時とは違うことが2つあった。

まず1つは、今回は1人じゃないということだ。研究室の院生さんに加えて、国立科学博物館の研究員の方が解剖に参加していたのだ。しかもその方は、鳥や爬虫類の首を研究している「首のスペシャリスト」だ。質問できる相手がいるというのは、なんとありがたいことだろうか。

そしてもう1つは、言うまでもないが、「今回が初めての解剖ではない」ということだ。前回の解剖できちんと特定できた筋肉は1つもなかったけれども、ニーナのおかげで、どういう風に筋肉の束が並んでいるか、大雑把な筋肉の構造は頭に入っていた。腱がどのように通っているかもなんとなく記憶しているので、筋膜を外すとき、どこに気をつければいいのか見当をつけることもできそうだ。

大失敗に終わったと思っていたニーナの解剖だったけれど、きちんと自分の中に知識は蓄積している。そう思えたのが本当に嬉しかった。前回の反省を生かし、筋膜と一緒に腱を外してしまわないよう、丁寧に慎重に作業を進めていく。

皮膚を剥がし筋膜を取り除くと、数日前に見たばかりの構造が、前回よりは多少きれいな状態で目の前に広がっていた。今度こそ、どれが何筋かちゃんと特定しよう。気合いを入れ直して、横のテーブルに解剖図のコピーを広げる。

板状筋、頸最長筋、環椎最長筋《かんついさいちょうきん》……教科書に列挙された筋肉を1つずつ確認し、筋肉がどの骨とどの骨を結んでいるかを確認する。教科書に書かれた各筋肉の説明文をじっくり読み、描かれた解剖図と目の前のキリンを見比べながら、どれが何筋なのかの特定を試みてみる。

しかし、やっぱりよくわからない。キリンの首の一番表層には、細く長い紐状の筋肉が多数存在しているのだが、教科書に載っているウシやヤギの筋肉図にはこのような紐状の筋肉が描かれていないのだ。

自分1人で考えていても埒があかない。今回は1人じゃなく、首の解剖のスペシャリストがいるのだ。わからないなら、教えてもらえばいいじゃないか。そう思い、「これって何筋ですか？　板状筋か頸最長筋だと思うんですが……」と尋ねてみた。

すると、科博の研究員の方からは予想外の答えが返ってきた。

「うーん、わからないなあ。まあ、筋肉の名前は、とりあえずそんなに気にしなくてもいいんじゃない?」

相手は、キリンの解剖は初めてとはいえ、私よりもはるかに解剖経験がある、首の構造を専門とする研究者だ。てっきり「これは何とか筋だよ」と答えを教えてもらえると思っていた私は、言われた言葉の意味がすぐには理解できなかった。すると研究員の方は続けてこう言った。

「名前は名前だよ。誰かがつけた名前に振り回されてもしょうがないし、自分で特定できればいいじゃない。次に解剖したときに、これは前回○○筋って名付けたやつだな、って自分でわかるように、どことどこをつなぐ筋肉かきちんと観察して記録しておけばいいでしょ」

ノミナを忘れよ

解剖には、専門用語が多い。筋肉の名前だけでも、400語以上にもなるそうだ。解剖ができるようになるためには、まずはこれらの名前を正確にしっかりと覚えなければいけないと思っていた。

なので、この時に言われた「名前は気にしなくていいんじゃない？　もしわからないなら、自分で名付けてしまいなよ」という言葉には心底驚いた。実をいうとその時は、「そんなことでは、いつまでたっても解剖ができるようにならないのでは……」と思った。

ところがこれ以降も、さまざまな解剖学者の先生方から、これに近い言葉を何度も言われている。2017年、2018年に参加した人体解剖の勉強合宿では、先生から幾度も「ノミナを忘れよ」と念を押された。ノミナ＝Nominaとは、ネーム、つまり「名前」という意味をもつラテン語である。筋肉や神経の名前を忘れ、目の前にあるものを純粋な気持ちで観察しなさい、という教えだ。

筋肉の名前は、その形や構造を反映していることが多い。例えば、首にある板状筋は文字通り板状の平べったい筋肉だし、お尻にある梨状筋《りじょうきん》はヒトでは梨のような形をしている。腹鋸筋《ふくきょきん》はおなか側にあるノコギリのようにギザギザした形をもつ筋肉で、上腕頭筋は上腕と頭を結ぶ筋肉だ。

こうした筋肉の名前は、基本的にヒトの筋肉の形や構造を基準に名付けられている。そのため、ほかの動物でも「その名の通り」の見た目をしているとは限らない。多くの動物では梨状筋は梨っぽい形をしていないし、キリンの上腕頭筋は上腕から首の根本部分に向かう筋肉であり、頭部には到達しない。

解剖用語は「名は体を表す」ケースが多いがゆえに、名前を意識し過ぎてしまうと先入観にとらわれ、目の前にあるものをありのまま観察することができなくなってしまうのだ。頭と腕をつなぐ筋肉を探していたら、いつまでたってもキリンの上腕頭筋は見つけられない。

優れた観察者になるために

筋肉や骨の名前は、理解するためにあるのではない。目の前にあるものを理解した後、誰かに説明する際に使う「道具」である。そして解剖の目的は、名前を特定することではない。生き物の体の構造を理解することにある。ノミナを忘れ、まずは純粋な目で観察することこそが、体の構造を理解する上で何より大事なことである。

当時の私はこのことに気がついておらず、名前を特定することが目的化し、まさに名前に振り回されていた。上腕頭筋を見つけようと上腕と頭を結ぶ筋肉を探していたし、教科書に「この筋肉は2層に分かれ」と書かれていたら、2層に分かれている筋肉を見つけようとしていた。目の前にあるキリンの構造を理解するために観察するのではなく、横に置いた教科書に描かれた構造を、キリンの中に探し求めてしまっていたのだ。

「自ら理論立てて考える人でなければ、優れた観察者にはなれない」というのは、かの有名なチャールズ・ダーウィンの言葉だ。この時の私は、理論立てて考えながら解剖をしていなかった。

名前の特定にこだわることを一旦やめてみよう。そう思い、気を取り直してシロの遺体に向き直る。目の前の筋肉がどの骨とどの骨をつないでいるのか。その筋肉が収縮したら、キリンの体はどんな風に動くのか。大きい筋肉なのか、小さい筋肉なのか。長いか、短いか。筋肉の名前を1つも知らなくても、目の前に実際にキリンの遺体があるのならば、考えることはいくらでもある。

そうしてみて初めて、自分が教科書ばかり眺めて、キリンの方をあまり見ていなかったことに気がついた。せっかくキリンの遺体が目の前にあるのに、きちんと向き合っていな

著者が解剖のときに使っているスケッチブック

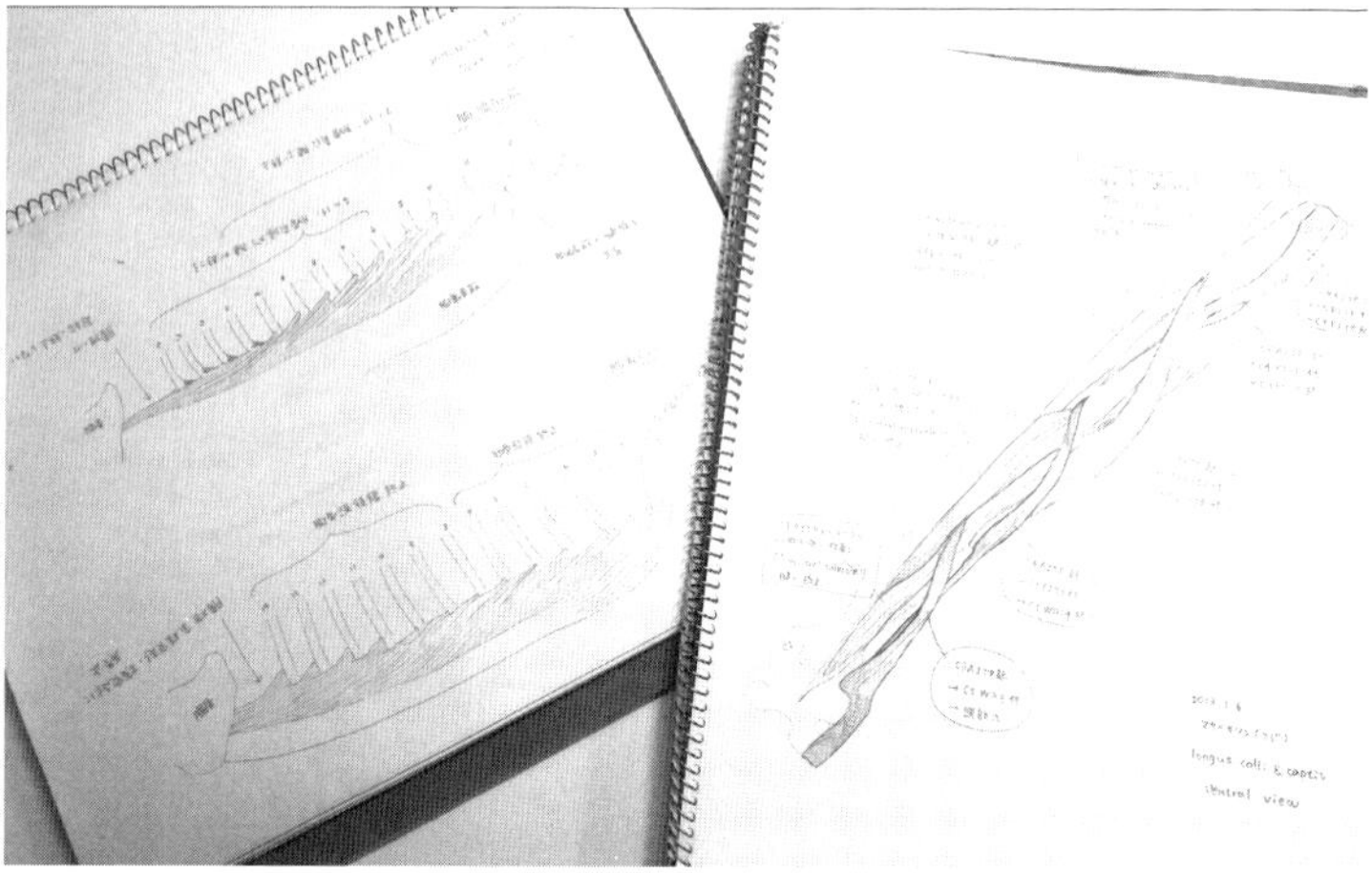

写真はシロのときのスケッチではなく、キリンの「8番目の“首の骨”」研究が始動した頃（2013年頃）のスケッチ。

かったような気がした。

　解剖台の横にノートを開き、名前もわからぬ「謎筋A」の付着する場所、走行、大きさ、長さを丁寧に観察し、記録していく。次の解剖でも「謎筋A」であることがわかるよう、筋肉の特徴をなるべく細かく描き込んでいく。名前を特定しようとしていた時はずっと真っ白だったノートが、文章やスケッチで埋められていく。

　ようやく頭を使って解剖することができるようになった瞬間だった。

キリンのうなじのゴム

目の前にあるキリンの遺体をじっくりと観察し、筋肉の束を1つずつ選り分けていく。「背中と肩甲骨を結ぶ扇型の筋肉」「肩甲骨と頸椎をつなぐギザギザの筋肉」「うなじから頸椎に伸びるひも状の筋肉」と、どことどこをつなぐ、どういう形の筋肉なのかを丁寧に記録し、スケッチする。時には、「収縮するとこっち向きに力がかかるから、こういう役割がある筋肉なんじゃないかな」などと思いを巡らし、筋肉の機能を予想してメモをする。

そして最後に、解剖学書とにらめっこしながら筋肉の名前を考える。不思議なことに、名前を追い求めていた時には全然特定できなかったのに、名前の特定にこだわるのをやめてきちんと観察をしてみたら、いくつかの筋肉の名前は特定することができた。しっかりと観察することは本当に重要だ。

それでもわからない筋肉はいくつもあり、その時々で「謎筋A」「謎筋B」と命名しながら解剖を進めていった。首を覆っていた筋肉が徐々に減っていき、骨の姿があらわになってきた。そろそろ解剖も終わりだ。

うなじの位置にある、ひと続きの長い立派な筋肉を取り外すと、首の根元から頭まで広がる巨大な板状の構造が目に飛び込んできた。白っぽいが、骨ではない。触ってみると、柔らかい。指でグッと押し込むと、元に戻ろうとして反発する力を感じる。メスで切れ込みを入れて断面を見てみると、随分と黄色い。

これの名前は、すぐにわかった。「項靭帯《こうじんたい》」だ。その名の通り、「項《うなじ》」にある靭帯だ。項靭帯は弾性をもった組織を大量に含み、ゴムのような特性をもつ。引っ張って伸ばすと元に戻ろうとする力を生む。エネルギーを使って能動的に力を発揮する筋肉とは違い、靭帯は受動的に収縮する力を生む。

キリンは、非常に分厚い立派な項靭帯をもっている。この項靭帯という名の強力なゴムのおかげで、キリンには常に「首を引っ張りあげる力」がかかっていることになる。キリンは、この引っ張りあげる力を利用して、筋肉をあまり使わずに重力に対抗して頭と首を持ち上げているのだ。

項靭帯が強い力で首を引っ張り上げていることは、キリンの遺体を見れば一目瞭然だ。亡くなって横倒しになったキリンの遺体は、首が反り上がってしまう。これは、横倒しになることで重力がかかる方向が変わり、項靭帯の張力と重力の釣り合いが崩れるためであ

る。重力による「首をおなか側に引き下げる力」がなくなり、項靭帯による「首を引っ張りあげる力」だけが残ってしまうことで、首が反り上がってしまうのだ。

この特徴的な姿勢は、「デス・ポーズ」と呼ばれ、始祖鳥をはじめとする絶滅した爬虫類の化石でも見ることができる。これは、恐竜のなかまが項靭帯をもっていたことの証拠でもある。

2010年12月29日に始まったシロの解剖は、大晦日、正月にも続き、2011年1月10日に全てを終えた。13日間連続でキリンを解剖するというのは、私の中では歴代最長記録だ。

全ての作業を終えると、疲労感とともに達成感が全身に広がった。ニーナの時には感じられなかったものだ。この時、これだけ粘って解剖できたのは、ニーナの時の悔しさと罪悪感があったからにほかならない。

「遺体損壊」でしかなかったニーナの〝解剖〟の記憶は、私にとっては気持ちが暗くなるような苦しい思い出だ。筋肉の名前の特定もできず、知識の向上に至れなかったからこそ、せめて経験だけは活かしたい。「あの経験があったからこそ、今回はこれができた」と言えるように頑張りたい。シロの解剖中、ずっとそう思っていた。

これは、シロがニーナのパートナーだったことも強く影響している。ニーナの経験を活かせなかったら、彼女だけでなく、目の前のシロにも申し訳が立たない。

ニーナとシロを続けて解剖できたことは、私の研究人生において、とても重要な出来事だったと思う。何かしら運命めいたものを感じてしまうくらいだ。

ニーナ、シロ、本当にありがとう。

コラム

キリンは何種？動物園でのキリンの種の見分け方

キリンは「キリン」という1種だけの動物である。そう思っている人は、案外多いのではないだろうか。実は、科学者たちも、長い間そう考えてきた。

ところが2016年、ドイツやアフリカの国際研究チームによって、キリン1種説に一石が投じられた。たくさんのキリンからDNAを採取し、遺伝子の特徴を調べてみたところ、遺伝的特徴の異なる4つの集団に分けられることが明らかになったのだ。研究者たちは、その4つのグループを、「アミメキリン」「マサイキリン」「ミナミキリン」「キタキリン」と名付けた。

日本の動物園で飼育されているのは、多角形の斑紋から構成されるきれいな網目模様をもつ「アミメキリン」と、ギザギザした不規則な形の斑紋をもつ「マサイキリン」の2種のみである。「ミナミキリン」と「キタキリン」は飼育していない。

ただし、動物園で飼育している「アミメキリン」の一部は、アミメキリンとキタキリンの交雑個体の子孫にあたる。キリン4種説が唱えられるよりもはるか前、北米の動物

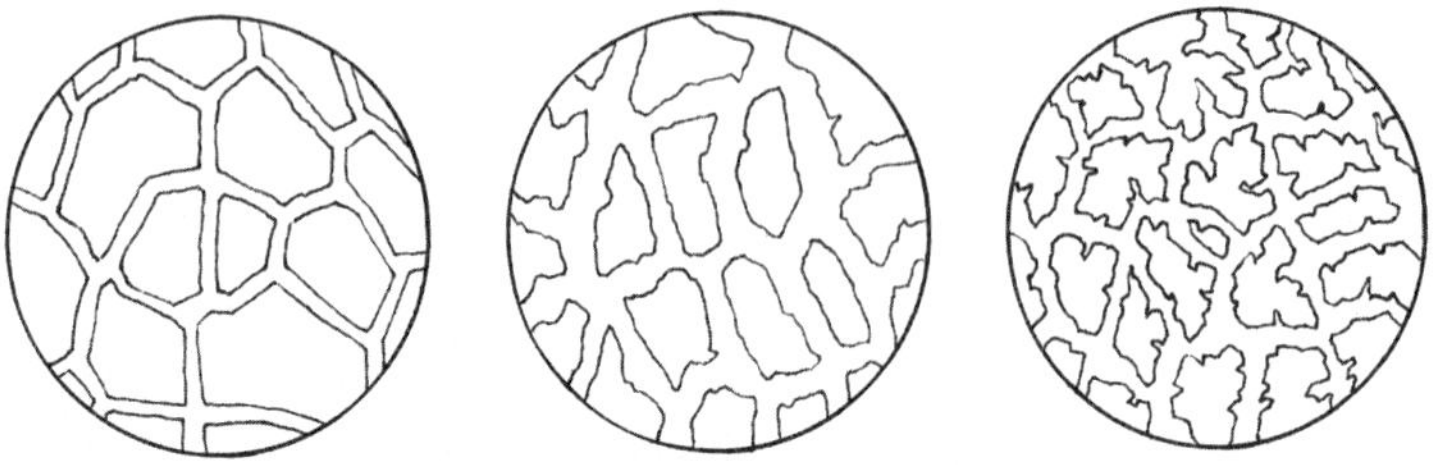

園ではアミメキリンとキタキリンを交配させていた。現在日本で飼育されているアミメキリンの何割かは北米から輸入した個体の子孫なのだ。

交雑の影響なのかは不明だが、アミメキリンとして展示されている個体がキタキリンのような特徴を示すことがある。そう考えると、日本では実質、ミナミキリン以外の3種のキリンを目にすることができると言えるかもしれない。（純粋なキタキリンは飼育されてはいないけれど）

動物園で見られるキリンの種を正確に知ろうと思ったら、その個体のDNAサンプルを採取する必要があるが、言わずもがな、そんなこと一般の来園者にできるはずもない。それでは面白くないので、誰でもできるキリンの種の見分け方を紹介しよう。

❖アミメキリン

明るいクリーム色のラインできれいに区切られた模様をもつ。四肢の内側にも模様があり、かかとを少し超えたところまで模様が広がる。

❖キタキリン

扇形の模様や、スジが入ったような少しムラのある模様をしている。模様はかかとくらいまでで、足先の方が真っ白い。

アミメキリンに比べ、個々の模様はやや小さく、模様同士の隙間が少し広い。四肢の内側には模様が入らないこともある。

❖マサイキリン

アミメキリン・キタキリンとは異なり、ギザギザに割れた不規則な形の模様をもつ。葉っぱや星のような形の模様が、蹄の方まで広がっている。

こうした模様の特徴を頭に入れて動物園のキリンを眺めてみると、アミメキリンとされていながら、かかとの下や四肢《しし》の内側にほとんど模様が入っていない個体や、模様同士の隙間が広い個体が一定数いることに気がつく。

もちろん、模様には個体差があるので、はっきりしたことは言えないけれども、こうした模様をもつ個体は、キタキリンの特徴が強く出ている「アミメ・キタ交雑個体の子孫」なのかもしれない。

動物園を訪れた際には、ぜひとも注目して観察してもらいたい。

第4章 キリンの「何」を研究するか？

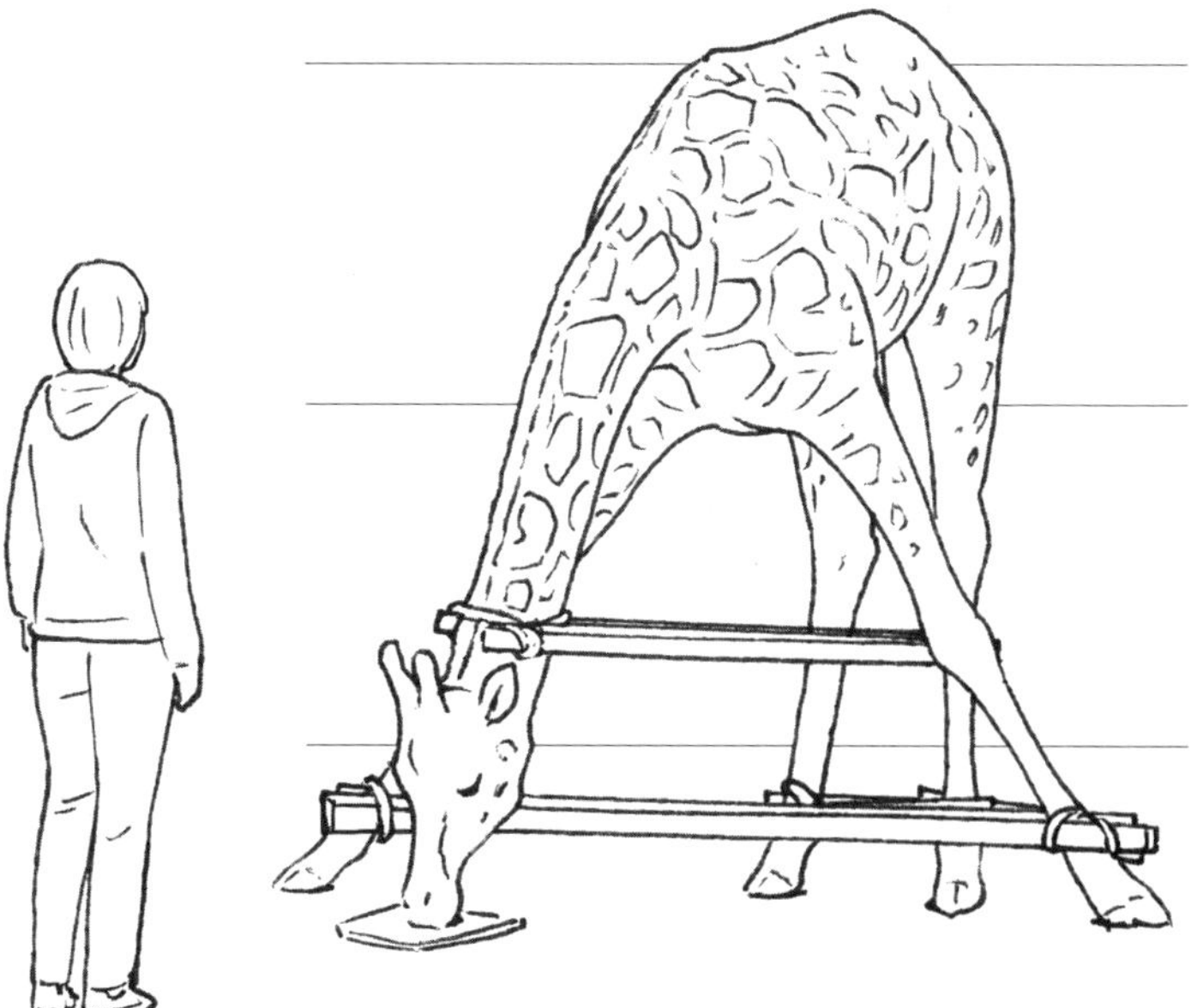

キリンの頸椎は何個？

「ニーナ」「シロ」という夫婦のキリンの解剖で得た一番のものは、「頑張ったら、きっと本当にキリンの研究ができる」という実感だった。

２００８年12月に初めてキリンの解剖をしてから、丸２年間で４頭のキリンを解体・解剖してきた。このペースでいけば、学部の残りの１年半でさらに２頭ほど解剖するチャンスが巡ってくるだろう。修士・博士課程の５年間だけでも、10頭ほど解剖できる計算だ。キリンを10頭も解剖できれば、自分の頑張り次第で何らかの発見ができるはずだ。環境は申し分ない。キリンの研究者になるために残された最大の問題は、キリンの「何」を研究するかだ。

研究というのは、明らかにしたい疑問があってこそのものだ。「知りたいことが見つかっていない」状態で、研究を進めることなどできやしない。キリンの遺体が目の前にあっても、解くべき謎を持ち合わせていなければ、新たな発見につながる研究にはなり得ないのだ。

正直なところ、この頃は、「キリンの研究がしたいんです」と言ってはいたものの、「キリンの何を研究するのか」についてはほとんど考えていなかった。キリンといえば首だろう、という安易な考えで、「首の研究をしたい」としきりに言っていたが、首の何を研究するかという具体的なアイデアは全くなかった。

当時、遠藤先生とは、とりとめもなく研究の話や生き物の話をすることが多かった。シロの解剖の合間にも、温かいお茶を飲みながら先生と話をしていた。その中で、「哺乳類の頸椎数は基本的に7個。この制約の中でキリンがどうやって長い首を獲得してきたのかが気になる」という話をした。これは後に、私の博士論文の大きなテーマとなる。

そう、哺乳類には「頸椎数が7個」という体作りの基本ルールがある。あれだけ首が長いキリンでも、首にある「頸椎」という骨の数は、ヒトと同じ7個なのだ。

頸椎とは、脊柱を構成する椎骨のうち、主に首にあるもののことを指す。哺乳類では、左右に肋骨が接していない、比較的動きの自由度が高い椎骨を「頸椎」と定義している。そして哺乳類では、基本的に頸椎の数は7個に決まっている。2億年以上も昔から、哺乳類の頸椎の数はずっと7個なのだ。

キリンとオカピの第五頸椎

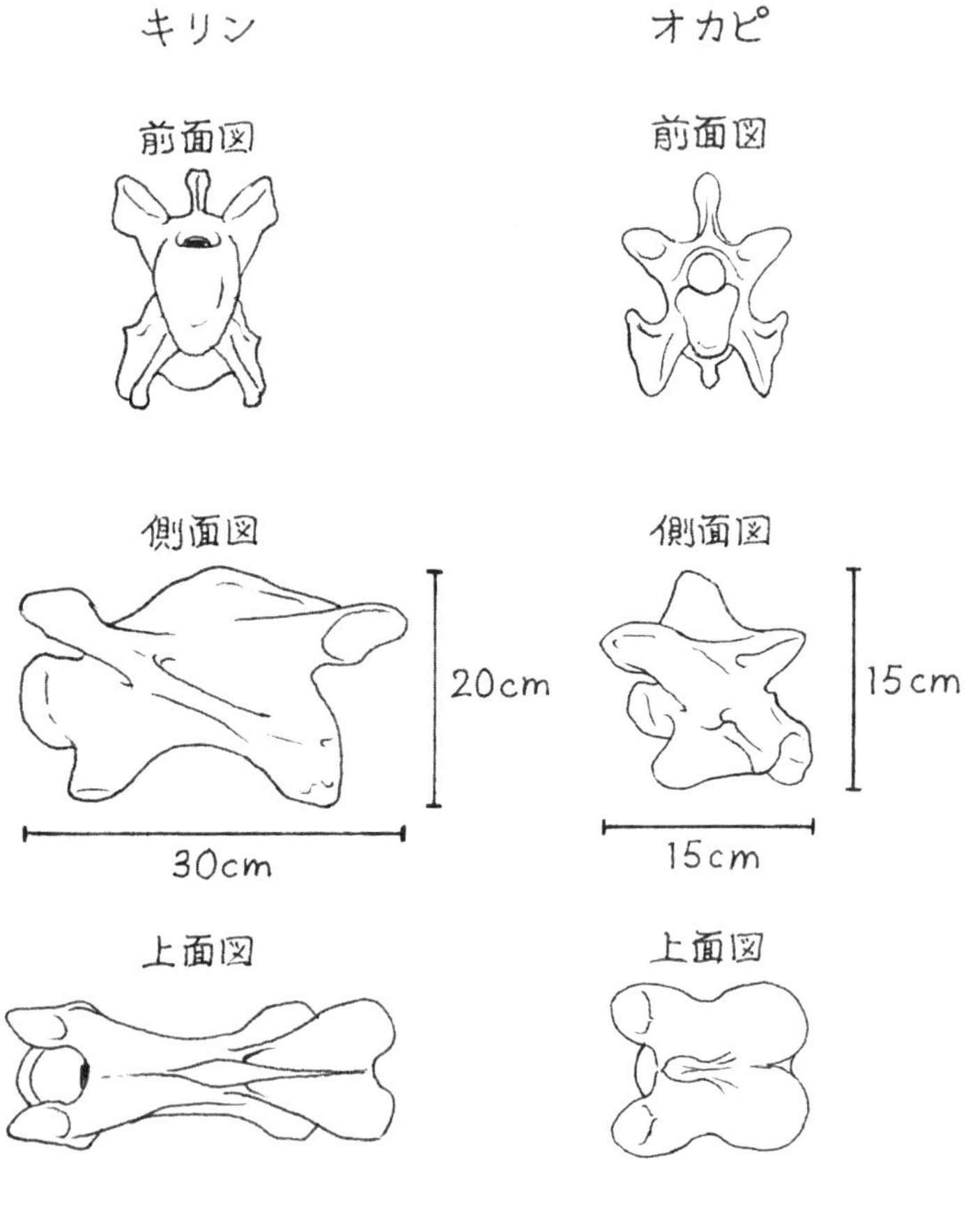

椎骨の高さはさほど変わらないが、長さは倍ほども違う。哺乳類では頸椎の数が7個で一定のため、首が長いキリンでは個々の頸椎がとても長くなっている。

一方で、鳥類や爬虫類では種類によって頸椎数が異なる。インコのなかまでは頸椎が11個だし、ハクチョウのなかまでは頸椎が20個以上ある種もいる。ちなみに、これまで地球に生息した生き物の中で最も頸椎数が多いのは、アルバートネクテスという名の首長竜のなかまだ。その頸椎の数は、なんと76個にも及ぶ。

なぜ哺乳類では頸椎の数が7個で安定しているのか、なぜ鳥類や爬虫類では頸椎数が多様なのか。その理由についてはまだはっきりとはわかっていない。とにかく哺乳類では、首の長さに関わらず、頸椎の数は基本的に7個で一定なのだ。

「頸椎の数は7個」という厳しい制約の中で、キリンの首はいかにしてあれだけ長くなったのだろうか。どのような構造の変化が起きているのだろうか。そもそも、「頸椎数が7個で、キリンもヒトも首の骨格の基本形は同じ」というが、本当にそうなのだろうか。キリンが首を曲げて自分の首の付け根にキスしたり、鼻をお尻に近づけて臭いを嗅いだりしている姿を動物園で目にすると、キリンもヒトも首の構造が似たようなものだなんて、とても信じられない。あんな動き、私ではとてもできない。

キリンの首には、彼らにしかない特徴的な構造があるのではないだろうか。そんなことを伝えると、先生はこんなアドバイスをしてくれた。

「今度、腕神経叢《わんしんけいそう》を見てみるといいかもね」

運命の論文とのすれ違い

腕神経叢の「叢」とは、くさむらのことだ。

腕神経叢は、腕に向かう神経が分岐したり吻合《ふんごう》[*3]したりして形作られる、網目状の複雑な構造のことを指す。つまり、腕に向かう神経というのは、脇で一旦まとまり「腕神経叢」を形成した後、バラバラに解けて腕や手へと広がっていくというわけだ。キリンのなかまでは、腕神経叢は4つの太い神経の束がまとまってできている。

遠藤先生の話によると、10年ほど前に発表された論文で、キリンの腕神経叢が少し変わった位置にあることが報告されたそうだ。キリンに近縁で首の短い「オカピ」に比べて、少し後ろにずれているというのだ。オカピだけでなく、ほかの一般的な哺乳類と比べても、やっぱりキリンの腕神経叢は少し後ろにあるらしい。

腕神経叢は、通常、首と胴体の境界部分に位置する。これがずれているということは、

キリンとオカピの腕神経叢の構造

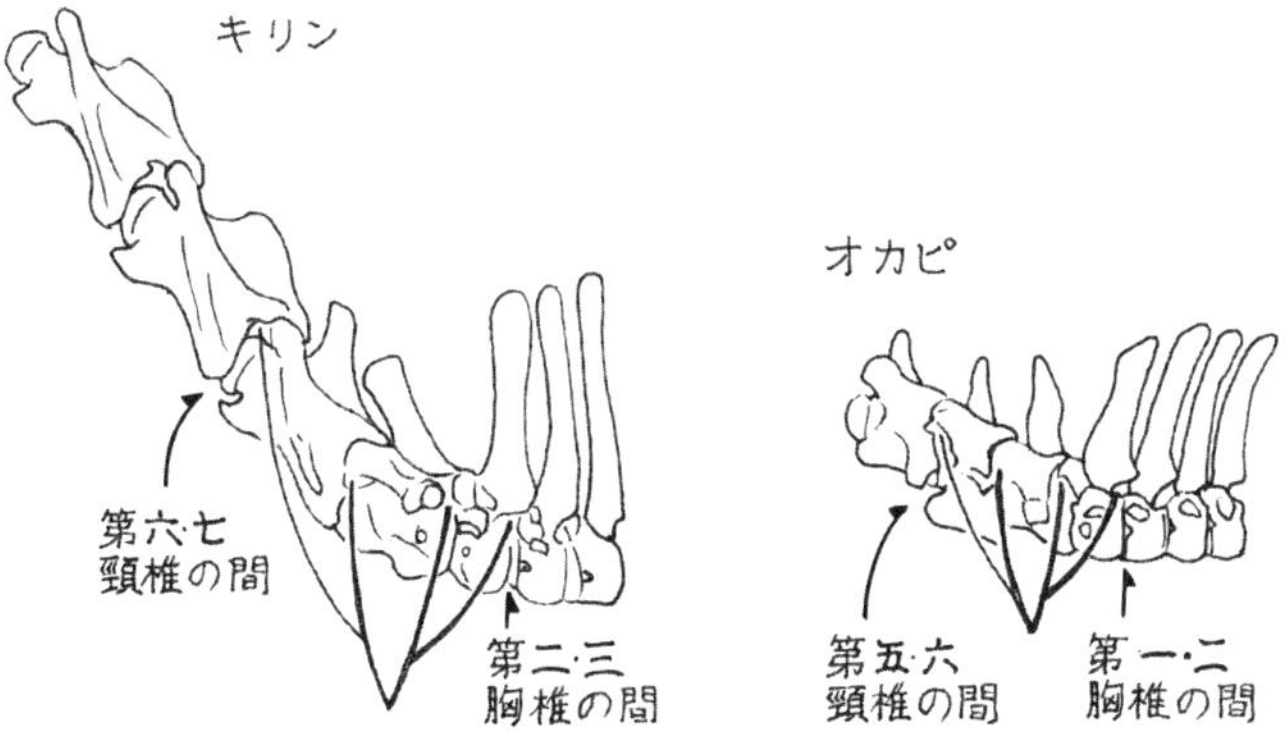

キリンでは第七頸神経から第二胸神経までの4本が合わさり、オカピでは第六頸神経から第一胸神経までの4本が合わさり、それぞれ腕神経叢を形成する。キリンの神経叢は、ほかの哺乳類に比べて少し後ろにずれている。

キリンでは首と胴体の境界が変化していると言えるのではないだろうか。論文の著者はそう考えたらしい。著者は、神経の位置や椎骨の形の特徴を踏まえた上で、最終的には「キリンの第一胸椎は本来は第七頸椎で、キリンの頸椎は第一胸椎も含む8個だ」という結論に至っていた。

先生は、その論文に書かれたことをあまり信じていないようだった。そのため、キリンの腕神経叢をきちんと確認してみたら？　と提案してきたのだろう。実際その夜、遠藤先生から論文のPDFファイルとともにこんなメールが届いた。

＊3　**吻合**　別々の神経の一部が互いにつながること。

「盛んに頸椎が8個あると主張していますが、誰も納得していません（笑）」

実は、この時渡された論文を、私は読破できなかった。もともと英語が得意ではなかったし、大学3年生の頃は「学術論文」を読むことにも慣れていなかった。解剖の知識も全くなかった。「腕神経叢」という言葉も、この時初めて知ったくらいだ。腕神経叢以外にも、初めて見る専門用語がたくさん出てきて、何が何やらわからない。わからない単語を辞書で調べてみても、結局それが骨のどの部分を示しているのか見当もつかない。

かろうじて読めた論文の要約部分では、「キリンの第一胸椎は、本来第七頸椎である」「キリンでは、第二〜第六頸椎の間に椎骨が1つ加わっており、首と胸の境界部分で構造的な融合が起きている」などが主張されていた。何を言っているのかさっぱりわからない。

頸椎は頸椎、胸椎は胸椎じゃないか。「キリンの第一胸椎は本当は第七頸椎で……」だなんて、この論文の著者は、一体何を言っているのだろうか。遠藤先生の言う通り、こんな主張、誰も納得するはずがない。そう思って、詳しく読むこともなく、投げ出してしまっていた。

この論文が、後々私の研究の基盤になるなんて、この時は思いもしなかった。

元旦のキリン

2012年1月

2012年は、先生からの電話で始まった。

「キリンが亡くなったんだけど、郡司さん、来られる？」

元日の朝7時頃に電話を受け、布団から飛び出した。実家が東京なので、元日でも大学に駆けつけることは可能だ。すぐに出かけられるよう、準備を始める。

11時過ぎに先生からあらためてメールが届いた。「頌春　遠藤です。さっき、某動物園でキリンが死にました」から始まるメールを見て、思わず笑ってしまう。

搬入は3日の午後3時前後に決定したとの連絡だった。修士課程に進学する年がキリンの解剖から始まるだなんて、やはり私はキリンの研究者になる運命なのだろうか。そんなことを考えながら、1月3日の昼頃、初売りに繰り出す人々で混み合う電車に乗り込み大学へと向かった。

大学に着くと、予想よりも道路が空いていたのか、博物館の裏手には見慣れたブルーのトラックが既に到着していた。荷台には、千葉市動物公園で飼育されていたアジムというメスのキリンの遺体が載っていた。26歳の立派な大人のキリンだった。飼育下のキリンの寿命は25歳ほどなので、天寿を全うしたといって差し支えないだろう。

トラックから降りてきた業者のお兄さんと、新年の挨拶を交わす。聞くところによると、元旦で動物園に滞在しているスタッフが少なかったうえ、飼育部屋の奥まったところで倒れてしまったそうで、部屋から遺体を運び出すのが随分大変だったそうだ。

言われてみると確かに、いつもよりも遺体が細かく切断されていた。人手がなかったため、1パーツあたりの重量を軽くしないと遺体を移動できなかったのだろう。たとえいつものパーツに分けたとしても、大人のキリンの遺体を運ぶのは重労働だ。

バラバラになった遺体を見て、スタッフの方々の気持ちに思いを馳せる。亡くなる前は必死に治療を行っていただろう。26年も飼育していた動物が亡くなってしまったことのショックもあるに違いない。肉体的にも精神的にも大変な中、遺体を献体するという選択をしてもらったことに、感謝の気持ちでいっぱいだった。

こんな仕事をしていると、「キリンが死んだらどんな時でも駆けつけるなんて、研究者の方は大変ですねえ」と言われることがある。けれども、駆けつけているのは私だけではない。動物園のスタッフも、遺体を運ぶ業者さんも、遠藤先生も、みんなそれぞれの予定がある中で、動物が亡くなってしまったら必ず駆けつけているのだ。だから、好きで研究をしている私が駆けつけないわけにはいかない。

「連絡を受けたら、どんな予定が入っていても、必ず行く」という今のスタンスは、この時以降、自然と身についていったような気がする。元日という特別な日に亡くなったアジムのおかげだ。

ノイローゼの向こう側

アジムの首を解剖台の上に置き、じっと眺める。アジムは、ニーナの母親にあたるキリンだった。そんな関係性があったからか、ニーナ、そしてシロを解剖した時の記憶が蘇る。今度こそ、キリンの体の中に秘められた進化の謎、言うなれば「研究のタネ」を探し出そう。さあ、3度目の解剖の始まりだ。

3度目の解剖は、1度目、2度目に比べるとだいぶ手慣れてきていた。まだわからない部分もあったが、筋肉のおおまかな構造は頭に入ってきていた。

けれども解剖を進めていくうちに、ニーナの時と同じような無力感が襲ってきた。記録は取っているものの、今取っているメモがどのような研究に発展していくのか、全くわからない。卒業研究を経て「研究の仕方」が多少身についていたため、このままでは研究にはならないのではという嫌な予感がしたのだ。

ただ観察して、どういう構造になっています、というだけではダメだ。一体私は、何を明らかにしたいのだろうか。目の前の貴重な遺体を無駄にしてはならない。もっと真剣に、必死に、考えないと。そう思えば思うほど、思考はまとまらない。無目的に遺体をいじくり回すことが、いい気分なわけがない。次第に日も暮れ、寒さと疲労で頭が働かなくなってきた。

きっと遠藤先生だったら、ニーナやシロ、アジムの遺体で、面白い研究ができていただろう。先生じゃなく、私みたいな素人に解剖されて、ニーナもシロもアジムもかわいそうだ。そう思ったら、涙が出てきた。悔しさと、申し訳なさでいっぱいだった。

そんな時、ゴンゴンと鈍い音がして、解剖室の扉が開いた。研究室の博士課程の先輩が、一服ついでに様子を見に来たらしい。「進んでる？」と声をかけられて、「全然だめです」と返す。

「何を調べているの？」と尋ねられ、「前回わからなかった筋肉を中心に、首の筋肉の構造を観察しています。でも、今やっていることがどう研究に結びつくのか、全然わからなくて……」と率直な気持ちを述べた。すると、気落ちした様子を察してか、先輩はこんなことを言った。

「凡人が普通に考えて普通に思いつくようなことって、きっと誰かがもう既にやっていることだと思うんだよね。もしやられていなかったとしても、大して面白くないことか、証明不可能なことか。本当に面白い研究テーマって、凡人の俺らが、考えて考えて考えて、それこそノイローゼになるくらい考え抜いた後、更にその一歩先にあるんじゃないかなあ。だから、そうやって悩みながらいっぱい考えてみるといいよ」

今振り返ってみると、考えあぐねて気落ちしている学生に「もっと考えろ」というのは、一般的には良いアドバイスではないのかもしれない。思い悩んで追い詰められてしまう学生もいるだろう。けれど、私はこう言われた時に、なんだか気持ちがすっと楽になったのだ。

研究のアイデアが出ない、と苦しんでいたけれど、自分は凡人で、しかもまだ研究を始めたばかりだ。面白いアイデアが出ないなんて、当たり前じゃないか。

ニーナやシロ、アジムのためにできることは、とにかく精一杯真摯に解剖に取り組み、彼らの解剖で得られた経験や知見を、いずれ面白い研究をするための礎にすることだ。無力さと罪悪感に押しつぶされている暇などない。

研究は概ね楽しいことばかりだが、「生みの苦しみ」みたいなものはいくらでもある。うまくいかないことだって当然あるし、1つのことを考え続けて頭がこんがらがってノイローゼ寸前に陥ってしまうこともある。そんなときは、この先輩からの言葉を思い出し、こう考える。

「ああ、今こそ、世紀の大発見の一歩手前だ」

キリンの首の驚くべき構造

2012年 4月

2012年4月。修士課程に進学後も、私は変わらず研究テーマを模索していた。せっかくキリンで研究するならば、胸が躍るような面白い研究がしたい。できるならば、先生からテーマをもらうのではなく、自分でテーマを見つけたい。ノイローゼの一歩先にある景色を見てみたい。そう思っていた。

この時点で、6頭のキリンの解体、解剖作業に関わってきた。これまでの経験を踏まえ、キリンは寒い時期に亡くなることが多いことはわかっていた。勝負は秋、冬だ。春から夏にかけては、じっくり腰を据えて研究テーマを考えよう。そう覚悟を決めて、この時期はとにかく論文や教科書をひたすら読みあさっていた。

しかし、夏の終わりに差し掛かっても、研究テーマは一向に決まらないままだった。別の研究室の同級生たちは、先生から研究テーマをもらって着実に研究のデータを集め始めていた。まだ修士課程の学生なんだし、先生から無難なテーマをもらおうか。キリンは博士課程に入ってから挑戦することにしようか。そんな考えが何度も頭をよぎる。そのたびに、ニーナやシロ、アジムを思い出し、気持ちを奮い立たせる。彼らの死を無駄にしないためには、面白い研究をするしかない。こんなにすぐに諦めるわけにはいかないのだ。

そんなある日、インターネットの論文検索エンジンを通じて、1本の論文に出合った。その論文のタイトルは、「The remarkable anatomy of the giraffe's neck（キリンの首の驚くべき構造）」。1999年に、アメリカの大学の研究者が書いたものだった。

Anatomy（解剖学）という言葉がタイトルに入っているものの、中身はほとんど骨の話だった。キリンとオカピの椎骨の形を比較して、「キリンでは、第七頸椎と第一胸椎の形がちょっと特殊である」ことを報告していた。

キリンとオカピの第七頸椎は、形が全く似ていない。長さが違うだけでなく、形の特徴もかなり異なっている。キリンの第七頸椎には、オカピを含む一般的な偶蹄類の第七頸椎がもっている形の特徴が、ほとんど見当たらないのだ。

では、第七頸椎に続く8番目の椎骨である第一胸椎はどうだろうか。キリンとオカピの第一胸椎は、一見よく似た形をしているようにも思えるが、棘突起《きょくとっき》の長さや傾き方、後方

第七頸椎と第一胸椎の形態

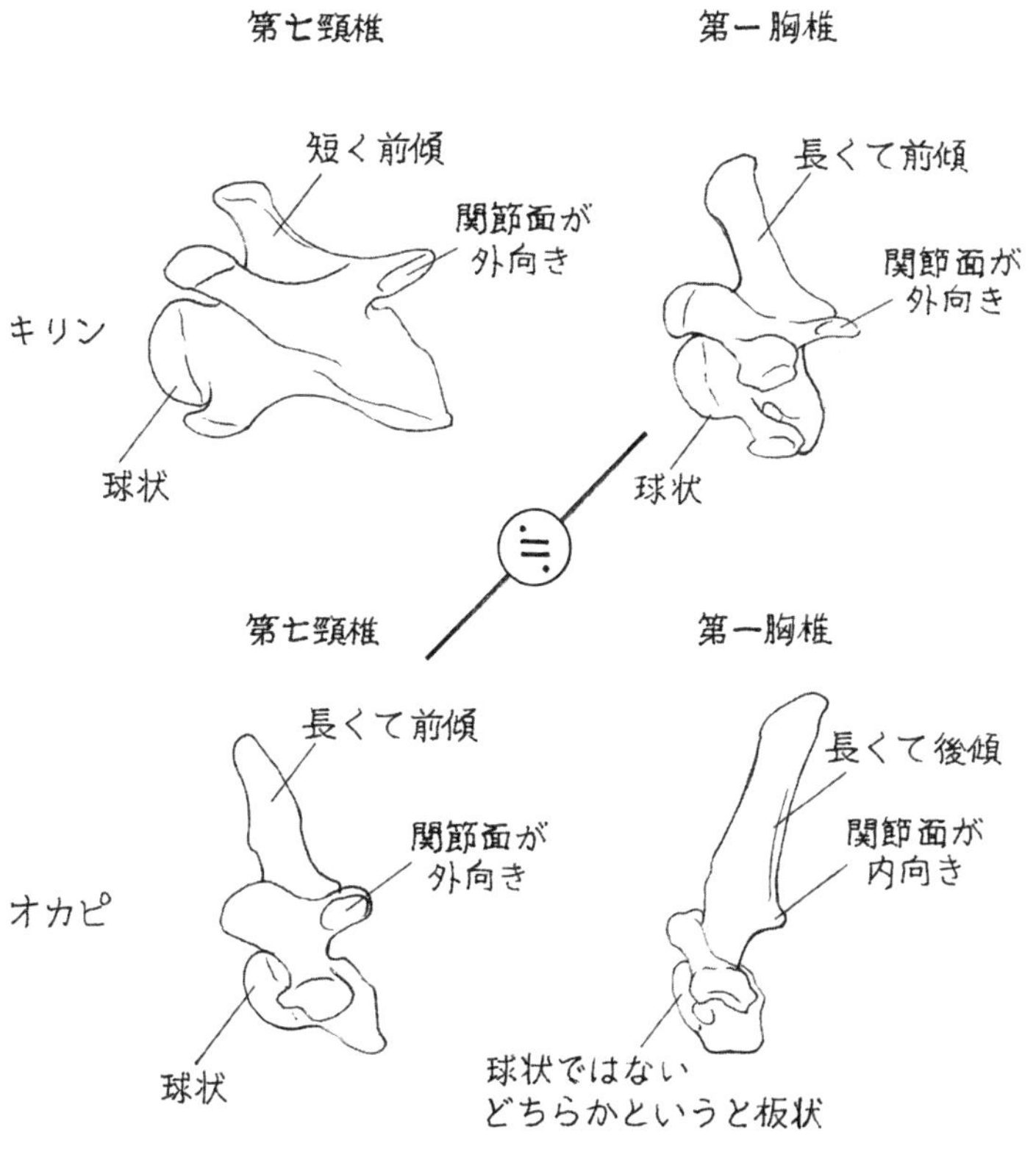

上がキリン、下がオカピ。第七頸椎同士、第一胸椎同士の形の特徴はそれぞれ異なるが、キリンの第一胸椎とオカピの第七頸椎はよく似た形を示す。

に飛び出した突起（後関節突起）の形状など、1つ1つの特徴はやはり大きく異なっている。そして、キリンの第一胸椎の形の特徴は、オカピの第七頸椎がもつ特徴によく似ているのである。

形の特徴がずれているのは、第一胸椎だけではない。キリンでは第二胸椎の形も少し変わっていて、オカピの第一胸椎によく似た形をしているのだ。

論文の著者は、骨の形の特徴に加え、「キリンの腕神経叢が少し後ろ（尻尾側）にずれている」ことも報告し、キリンでは首と胸の境界が移動しているのではないかと主張していた。そして最終的に、「キリンの第一胸椎は、本来は第七頸椎だと捉えることができる」と結論づけていた。

賢明な読者のみなさんなら既にお気づきだろうが、これこそが、大学3年生の時に遠藤先生に渡され、全く理解することができなかった論文だった。

この論文を読み終わった時、なんて面白い研究だろう、と思った。数年前、初めて読んだ時には、面白いと思わなかったどころか、読み切ることすらできなかったのに。

時間が経ってからその面白さに気がつくというのは、よくある話である。論文が面白く思えないのは、多くの場合、読み手側の知識不足・視野の狭さが原因だ。何事にも、出合うのにふさわしいタイミングがある。この論文は、大学3年生の私には早すぎたということだろう。

それにしても、私は自分の研究テーマを自分で考えてきたとずっと思ってきたが、結局は先生の手のひらの上で転がされていただけだったのかもしれない。先生はいつも、一枚上手だ。まあ先生は、この論文が主張していることを信じていなかったけれど。

闇に葬られた「キリンの頸椎8個説」

2012年　8月

「キリンの頸椎8個説」を信じていなかったのは、遠藤先生だけではない。多くの研究者が、この仮説を否定的に捉えていた。

今あらためて考えてみると、この論文の最大の失敗は「キリンの第一胸椎は、8番目の

キリンの脊柱の構造

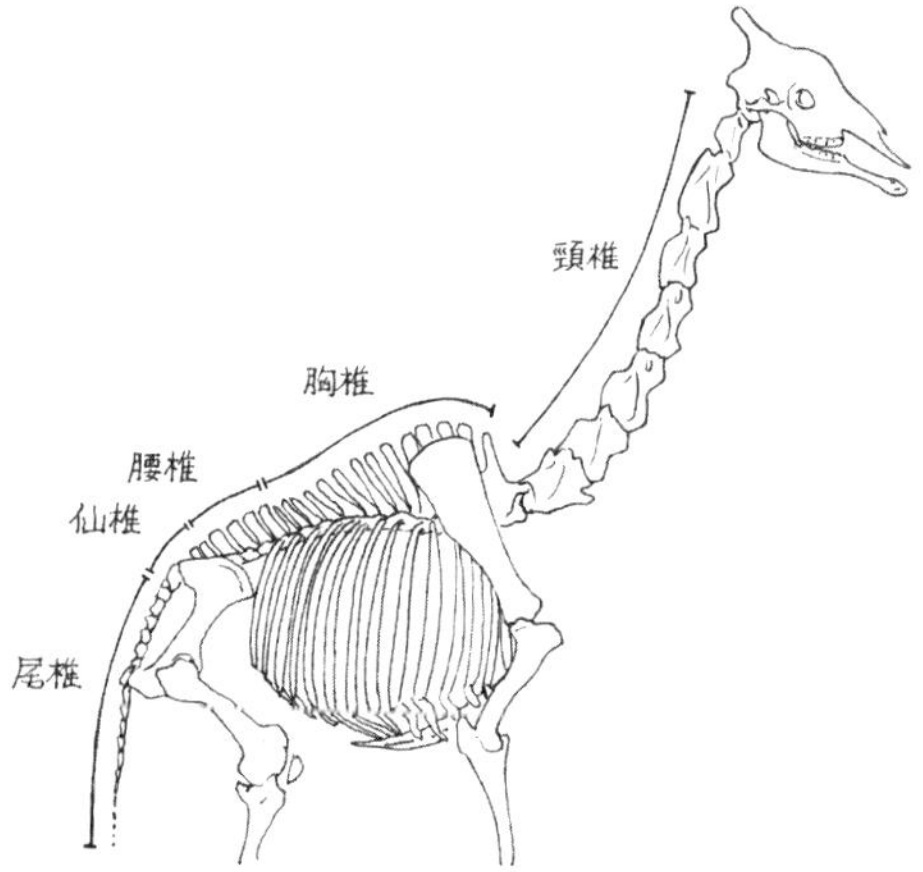

頸椎は7個、胸椎は14個、腰椎は5個、仙椎は4個、尾椎は18個前後。頸椎数・腰椎数はヒトと同じだが、胸椎の数はヒトよりも2個多い。

〝頸椎〟である」と言い切ってしまったことにあるなと思う。なぜなら、第一胸椎はあくまで〝胸椎〟であって、絶対に〝頸椎〟ではないからだ。

そもそも、「頸椎」、「胸椎」とはなんだろうか。

頸椎、胸椎というのは、脊柱の一部を構成する骨の名前だ。脊柱は、椎骨と呼ばれる骨がいくつも連なってできている。個々の椎骨は、体の場所によって少しずつ異なった形の特徴を示し、それぞれの特徴に基づいて首部分の「頸椎」、胴体部分の「胸椎」、腰部分の「腰椎」、骨盤部分の「仙椎」、尻尾にあたる「尾椎」

という5つのグループに分けられる。

哺乳類において、頸椎と胸椎を区別する最大の特徴は、肋骨の有無だ。胸椎の左右には肋骨が接しているのに対し、頸椎は肋骨をもたない。

では、キリンの第一胸椎は、どうだろうか。キリンの第一胸椎は、オカピの第七頸椎によく似た形をもつが、左右には立派な肋骨が接している。骨の形がどれだけ頸椎らしかったとしても、左右に肋骨が接している以上、これはあくまで「胸椎」だ。

論文の中に書かれていたキリンの第一胸椎の形の特異性は、とても大事な発見だった。けれども、論文の著者はそれを「頸椎」と呼んでしまったがために、ほかの研究者から「何言ってるんだ。あれは、定義上、どう考えたって胸椎だ！」と反発され、その発見自体が闇に葬り去られてしまったのだ。

もしかして、動く？

キリンの頸椎8個説が棄却されるとともに、キリンの特殊な第一胸椎は、単なる胸椎の

1つとして扱われるようになっていった。

しかし、骨の形は、その骨の運動機能と密接に関係しているとされる。関節の形や大きさ、角度によって、その骨が動ける範囲が決定づけられるからだ。形が特殊ならば、何らかの特殊な運動機能をもっていると考えた方が自然だ。

第七頸椎とよく似た形をしているキリンの特殊な第一胸椎も、ただの胸椎ではなく、何らかの変わった機能をもっているのではないか。そう、例えば「頸椎っぽい機能をもつ胸椎」とか……。私は次第にそんなことを考えるようになっていた。

では、「頸椎っぽい機能」とはなんだろうか。過去の文献を調べてみると、頸椎というのは、上下左右さまざまな方向に動き、頭の位置や向きを変える役割をもつそうだ。そして、首の一番根元にある第七頸椎は、首を上げ下げする際の動きの「支点」として機能するらしい。

一般的な哺乳類の第七頸椎とよく似た形をしているキリンの第一胸椎は、胸椎だけれども、第七頸椎のように首の運動の支点として機能するのではないだろうか。そんな考えが頭をよぎる。

しかし、キリンの第一胸椎の左右には、肋骨がしっかりと接している。椎骨の運動は肋骨によって制限されているだろう。動かなければ、支点としての機能は果たせない。これまで、キリンの首の解剖にはチャレンジしてきたけれども、胸椎周囲の胴体の筋肉についてはちゃんと調べてきていない。ましてや胸椎の可動性なんて確かめてみようと思ったことすらない。左右に肋骨が接している胸椎はほとんど動かないので、首の運動に関与するのは7個の頸椎だけだ、というのが常識だったからだ。

「キリンの第一胸椎は、第七頸椎みたいに動く……のか？」

私は、半信半疑のまま、キリンの特殊な第一胸椎の謎に迫ることにした。キリンが亡くなりやすい寒い季節は、目前まで迫っていた。

コラム

遠藤先生との思い出

高校3年生の冬。受験を間近に控えたある夜、NHKの番組に、当時京都大学に所属していた遠藤先生が出ていた。先生の研究の話は本当に面白く、私は夢中になった。一緒に見ていた母が、「京大を受験した方が良かったかもね」と言ったくらいだ。

なので、東大に入学した後、シラバスで遠藤先生の名前を拝見した時は、本当に驚いた。以前、先生が「人生において本当に大事な人間とは、どんな道を選んでも必ず出会う」と言っていたが、確かにそうかもしれない。私が大学に落ちたり、先生が東大に異動しなかったとしても、私と先生はどこかで出会っていたような気がする。

先生と運命じみたつながりがあるというのは正直ちょっと気持ち悪いのだけれど、私と先生は、実は誕生日が同じだ。なんと干支も同じ。ちょうど2回り離れている。卒業した今でも誕生日には、お互いに「おめでとう」メールを送りあっている。

在学中にはいろいろあり、先生とは揉めることも多かったけれど、いつも真正面から向き合ってくれたことに本当に感謝している。

何より感謝しているのは、出会った当初、「キリンの研究がしたい」という私に、さらっと「できるんじゃない？」と言ってくれたことだ。あの言葉を信じて、ただひたすらにまっすぐ突き進むことができた。一度たりとも「キリンの研究なんてできないよ」と言われたことはない。どんな時も、あたたかく見守っていてくれた。

ずっとそう思っていたのだが、博士課程2年の終わり頃、衝撃の事実が発覚した。後輩が「先生に聞いてみたら、『郡司は、キリンの研究は難しいんじゃないか？　といって止めても、聞く耳をもたなかったんだ』と言ってました」と言うのだ。

先生の記憶が間違っているのか、私の記憶が間違っているのか……。

卒業して半年ほど経った時、先生がとある人気深夜番組に出るというので見てみたら、「キリンの8番目の〝首の骨〟」の話をしていた。これまでは、テレビやラジオでキリンの話をするときも、私の研究の話題は出していなかったはずだ。なんだか初めて先生に認められたような気がして、嬉しかった。

気恥ずかしくて直接は言えないから、ここに書いておこうかな。私の本なんて、きっと読まないだろうから。先生、今までずっと、ありがとうございます。これからもよろしくお願いします。

コラム

論文はタイムマシン

研究論文は、何年経っても永遠に残り続けるものだ。特に解剖学は、観察に基づく記載をベースにしているため、技術や装置の発達によって結果がひっくり返ってしまうことがとても少ない。「未来に残りやすい学問」と言えるかもしれない。

私も、100年以上前に出版された論文を読むことが少なくない。ある時私は、1839年に発表されたキリンの筋肉や内臓に関する論文を読んでいた。論文の著者は、リチャード・オーウェン。19世紀の解剖学者・古生物学者で、「恐竜」という言葉を生み出したことで知られる人物だ。その論文の中には、こんな一文があった。

「キリンの斜角筋《しゃかくきん》は、最も強力に発達している」

わかる！　思わずそう叫びたくなってしまう。キリンの斜角筋は、とっても立派なのだ。most powerfully developed（最も強力に発達した）なんて書いてしまう気持ちがよくわかる。

斜角筋は、首の深部にある、肋骨と頸椎を結ぶ筋肉だ。首を側方に傾ける役割をもつ。

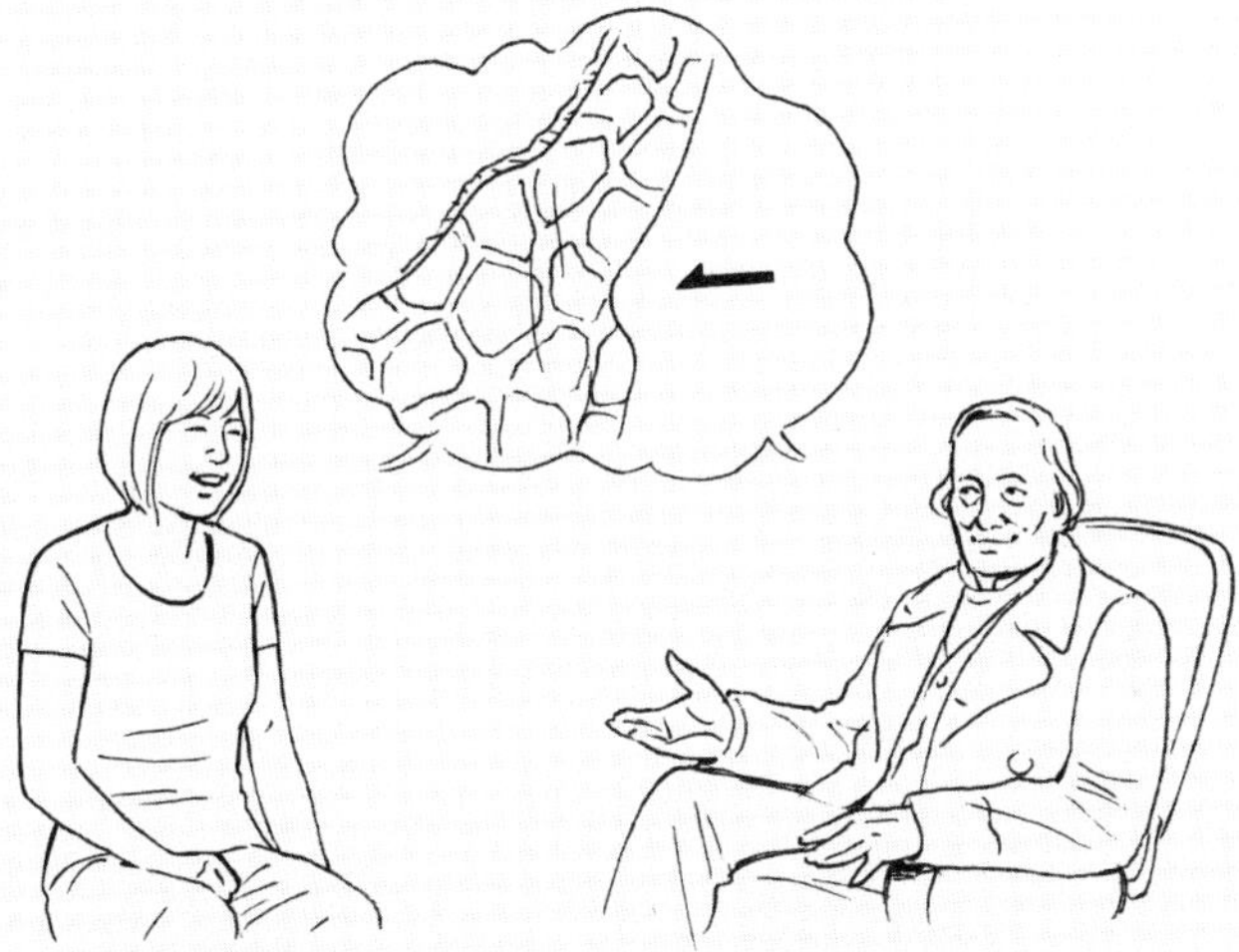

上腕二頭筋や広背筋などに比べたらはるかにマイナーな筋肉で、どちらかといえば地味で目立たない筋肉だ。

初めてキリンの斜角筋を目にした時は、シカやヒツジなど、ほかの動物との違いに驚いた。キリンでは、同じ筋肉とは思えないほどに太く立派なのだ。「キリンの斜角筋ってこんなに発達してるの!? すごい！」と興奮し、思わず何枚も写真を撮ったくらいだ。おそらく誰からも共感されない興奮だろう。

オーウェンの論文を読み、「私が解剖で見ている構造は、１００年以上前にオーウェンが目にしたものと同じなんだ」という当たり前のことを初めて実感した。
長い時間を経て、同じ構造を見て、同じ感想を抱く。すごく不思議な気分だ。そして
なんだか、すごく嬉しい。生まれた時代も場所も異なるオーウェンと、会話をしたよう
な気持ちだった。
私の論文も、100年後の見知らぬ誰かが読んで、「そうそう、キリンの筋肉ってこ
うなってるよね！」と共感し、頭の中で私と会話してくれるかもしれない。そう考える
と解剖学の論文は、なんだかタイムマシンのようだ。

第5章 第一胸椎を動かす筋肉を探して

首と胸とのあいだには

2012年　9月

「キリンの第一胸椎は動くのではないか」

そう考えはじめてから、キリンの第一胸椎周囲の筋肉について報告がないか、片っ端から調べていった。解剖学は歴史が長い学問なので、1800年代に書かれた論文までさかのぼってみる。英語だけでなく、ドイツ語やフランス語の本や論文にもあたってみるが、それらしいものは見つからない。どうやら、この部分の筋肉については過去に報告がないようだった。

9月初旬の研究室のゼミで初めてこの仮説を話した後、その足で遠藤先生の部屋へ行き、こう切り出した。

「先生、首の根元を切断しないでキリンの遺体を運ぶことって、できますか？」

これまでも何度か書いているが、キリンの遺体を運ぶときは、どうしても体をいくつかのパーツに分けざるを得ないことが多い。キリンの体重は、１t以上になることもある。動物園の展示室の奥にある飼育スペースで亡くなってしまうと、そこからまるごとの遺体を人力で運び出すのはかなり大変だ。多くの場合、四肢を取り外し、首の根元で脊柱を分割して「頭と首」「胴体」の2つに分け、計6パーツにして運び出すことになる。骨の関節を外して分割するので骨格には影響がないが、こうすると首と胴体の境界部分の筋肉は破壊されてしまい、筋肉の構造を理解することはかなり難しくなってしまう。

おそらく、過去にキリンの解剖をした研究者は、みな同じような壁にぶつかってきたはずだ。というのも、キリンの首の筋肉の構造自体は、１８３９年に出版された論文で割と詳しく報告され、とてもきれいな解剖図も掲載されている。ところが、首の筋肉の記録は首の根元で唐突に終わってしまう。解剖図にも第七頸椎周囲の筋肉までしか描かれていない。これは多分、解剖していた個体がこの部分で切断されてしまっていたからだろうと思う。

「この仮説を証明するには、首と胴体の境界部分の筋肉を観察することが必要です。先生ならば切断されていても筋肉の構造を理解できるかもしれないけれど、今の私には多分無理です。どうにかして、この部分を破壊せずに運べないでしょうか？」

私の問いかけに対し、先生はすぐには答えなかった。腕を組み、宙を見つめる。そして少し考えた後、こう言った。

「まあ、首の途中で切断してもらえば、首の根元を傷つけずに、人力で運び出せる大きさにできるか。今度キリンが亡くなったときは、動物園の方に頼んでみよう」

ピンチはチャンス

2012年　12月

そもそも、考えてみれば、大都会東京のど真中にある大学のキャンパス内で、当たり前のようにキリンの解剖ができているのがおかしかったんだ――。

2012年12月、平日の昼間でガラガラの小田急線に揺られながら、そんなことを考えていた。

これまで、どんな動物でも基本的には、東京大学本郷キャンパス内にある総合研究博物館で解剖してきた。ところが、私が修士課程に進学して少し経った頃、いくつかの事情が重なり、東大博で大型動物の解剖ができなくなってしまったのだ。

キリンやゾウなどの大型動物は、大きすぎて室内の解剖室に入れることができない。そのため、大型動物の遺体が運ばれてきたときは、博物館と隣の建物の隙間にあるわずかな屋外スペースで作業をしていた。申し訳程度にブルーシートで覆ってはいたが、遺体や解剖の様子を完全に隠せていたわけではない。博物館にやってくるお客さんや、近隣の研究施設の方々の目に触れてしまうことも多かった。

屋外スペースのすぐ近くに喫煙所が設置されていたので、タバコを吸いにやってきた近隣施設の研究員の方がキリンやゾウの遺体を見つけてギョッとする、という場面も一度や二度ではなかった。そんなこんなで、もっと人目につかない別の場所でやった方がいいのでは、という話が出てきたのだ。

「というわけで、今回のキリンは、東大ではなく、小田原の博物館に遺体を運びます。新しい解剖場所が見つかるまで、大型動物の解剖はここにお世話になることが多いかな。僕はこれから鹿児島に飛んで、動物園でキリンの遺体の搬出を手伝ってくるから、受入側の準備とか取り仕切り、お願いね」

キリンの訃報とともに遠藤先生からそう伝えられた私は、いつものように人手を確保し、解剖道具を準備し、箱根の麓にある神奈川県立生命の星・地球博物館へと向かった。

そして、私はここで、ある標本と運命の出会いをすることとなる。

営業活動 ―キリンとオカピを求めて―

この頃から私は、他所の研究機関の方や動物園関係者の方と会うときには、研究室のゼミで使用した自分の研究内容のプレゼン資料を印刷して、持参するようになっていた。その理由は2つある。

1つは、なるべく多くキリンを解剖するためだ。キリンの遺体は、いつも必ず私の所属機関に献体されるわけではない。国立科学博物館の研究部や、この日訪問した神奈川県立博物館などに献体されることもある。自分の所属機関以外の場所に献体されたキリンの解剖をするには、「キリンの遺体が手に入ったから、郡司さんに連絡するか」と、その機関の人に思ってもらうことが何よりも大事だ。

世界3大珍獣

パンダ・オカピ・コビトカバ。上野動物園では3種すべてを見ることができる。ちなみに遠藤先生は3種とも解剖し、研究して論文を発表している。私はまだオカピの解剖しか経験していない。先生はやっぱりすごい。

また、前にも説明した通り、私が注目していた首の根元部分は、動物園から博物館へ遺体を運び出す際に傷つけられてしまうことが非常に多い部位だ。そこで、博物館・大学関係者や動物園の方と会うときは、資料を見せながら、「首の根元部分を傷つけずに献体していただけると、こんな面白い発見につながるんです！もし可能ならば、傷つけないでほしいです」とお願いできるようにしていたのだ。

そして、もう1つの理由は、オカピだ。オカピは、現在地球上に生息する動物の中で、最もキリンに近い動物である。キリン科に属しながらも、首はさほど長くなく、模様も全く異なる。白っぽい顔に、濃い茶色の体、シマウマのような模様の四肢。「森の貴婦人」の異名も納得の、高貴な立ち姿だ。20世紀に入ってから見つかった動物で、パンダ、コビトカバに並び、世界3大珍獣の一員でもある。

オカピについての研究はキリンよりもはるかに少なく、筋肉の構造もほとんど知られていない。キリンに近縁で首の短いオカピを解剖し、キリンの首の構造と比較できれば、何がキリン特有の構造なのかが明らかになる。けれども、オカピを解剖できる機会は本当に少ない。飼育頭数が圧倒的に少ないからだ。どうしてもオカピを解剖してみたい。その一心で、プレゼン資料を見せながら研究内容の説明をした後は名刺を渡し、最後にはいつも必ずこう言っていた。

「オカピが亡くなったら、どんなときだろうと飛んでいくので、連絡してください」

冷凍庫に眠る標本

この日も、鹿児島の動物園からキリンの遺体が届くのを待っている間、いつものように営業活動をしていた。持参した資料を博物館のスタッフの方に渡し、キリンの首の根元の構造に興味があること、第一胸椎には可動性があるのではないかと思っていること、その根拠について説明していた。すると話を聞いていたスタッフの1人がこんなことを言ったのだ。

「なるほどねえ。じゃあ、オカピの解剖とかしたいんじゃない？　ねえ、うちの冷凍庫の中に、オカピの赤ちゃんの遺体があったよね？」

博物館のバックヤードの冷凍庫には、たいてい標本がぎっしりと詰まっている。スタッフの方に連れられてやってきた神奈川県博の冷凍庫も例に漏れず、ダンボールやビニール袋に詰められた動物の遺体が天井近くまで積み上げられていた。この中にオカピの遺体があるというのか。そんなうまい話があるだろうか。

「確かこの辺だったはず……」とつぶやきながら、スタッフの方が冷凍庫の一角に積み重なった段ボールを降ろしていく。降ろされたダンボールを部屋の片隅に移動しながら、中から次々とダンボールを取り出していくと、奥から半透明のビニール袋で覆われたひと抱えほどの大きさの標本が出てきた。

冷凍庫から取り出し、おそるおそる袋を開けて中に入っているラベルを確認すると、確かに「オカピ」と書いてある。袋の隙間から覗く顔立ちも、オカピに間違いない。

その個体は、ちょうど1年前の２０１１年12月に、生後間もなく亡くなってしまったオカピの赤ちゃんだった。

もしこれが大人のオカピだったら、大きすぎて冷凍庫で保管することができず、その場ですぐに解剖されてしまっていただろう。冷凍庫に入れられる小さな赤ちゃんだったからこそ、「珍しい種だし、とりあえず冷凍しておくか」となったのだろうと思う。

皮はすでに剥がされ、四肢は取り外されてしまっていたが、首と胴体の境界部分は無事だった。もう、運命としか思えない。博物館の学芸員の方との交渉の結果、「貴重な標本なのであまり破壊はしないでほしいのですが、首元の部分だけならば解剖しても構いませんよ」とのお返事をいただいた。

探し求めたオカピの遺体が手に入った。これで、「キリンの第一胸椎の謎」を解明するのに必要なピースはほぼ全て出揃った。あとは私が頑張るだけだ。

待望のキリン

オカピの赤ちゃんとの運命的な出会いで忘れ去られてしまったかもしれないが、この日私が神奈川県博にやってきた真の目的は、キリンの解剖だ。

職員さんとオカピの話で盛り上がっている間に、お馴染みのトラックが到着し、鹿児島から遠路はるばるキリンがやってきた。鹿児島市平川動物公園で飼育されていた、マサイキリンの「フジ」だ。

フジは当時、国内のマサイキリンの中で最高齢の19歳8ヶ月だった。体が大きく、模様は随分黒っぽい。網目部分もこげ茶色をしている。頭も随分ごつごつしている。成熟したオスの特徴だ。オカピの遺体も待ち望んでいた出会いだったが、この「フジ」も待望のキリンだった。実は訃報の電話がかかってきた際、動物園の方に「首と胴体を切り離さないでほしい」とお願いしていたのだ。

遺体を載せたトラックに近づいて荷台を覗き込むと、確かに首の先端から腰までがひとつながりになっている。よしよし。これならば、第一胸椎の周囲の筋構造をじっくり観察し、第一胸椎を動かす筋肉があるのかを調べることができるはずだ。

大変な中、私の要求に応えてくださった動物園の方々に、心の中で深く感謝しながら搬入の準備を進める。解剖室の搬入口にトラックを横付けし、荷台から遺体をひきずり降ろそうと試みる。首と胴体がつながっているため、いつもよりも1つ1つのパーツが大きく、業者のお兄さんと一緒に2人で押してみてもびくともしない。博物館のスタッフにも手伝ってもらって5人がかりでなんとかキリンを動かし、解剖室へ遺体を降ろす。真冬にも関わらず、みんな汗だくだ。解剖前から筋肉痛の予兆を感じた。

4日間の奮闘

第一胸椎の周囲は、一体どんな構造になっているのだろうか。果たして第一胸椎は、動くのだろうか。謎を解き明かすことができるだろうか。不安と期待が入り混じる。胸の高鳴りが抑えられない。

解剖室の床に横たわるフジの巨大な体の横に座り、「さて、どうしたものか」と考える。

というのも、今は神奈川県博で解剖を行なっているが、その後の骨格標本の作成はいつものように東大で行うことになっていたからだ。ある程度作業を終えたら、このキリンを再度トラックに載せ、東大へと運ぶ予定になっていた。輸送スケジュールは、４日後に組まれていた。

４日間で全ての解剖を終えられるとは、到底思えない。でも、首の先端から腰までがつながった状態では、重くて持ち運ぶことができない。ではどうするか。トラックが来るまでに、この首と胴体がつながった巨大なパーツを、人力で持ち上げられる重さにするしかない。遺体を東大に運んでしまえば、その後は時間をかけてじっくり解剖できる。

そうと決まれば、今一番重要なのは、「すぐに観察できる筋肉をどんどん外して軽くすること」だ。手伝いにきてくれた研究室のメンバーが四肢の解体作業を行なっている横で、私は首の剥皮に取り掛かる。まずは、これまでの解剖で構造を把握できている部分の観察から始める。筋肉がどの骨からどの骨に向かっているかを記録し、外していく。うなじにある立派な筋肉を外していくと、随分軽くなったような気がする。

これで運べるのではないかと思い、持ち上げてみようとしたが、動く気配もない。まだまだ人力で持ち上げられるような重さではない。残っている側面の筋肉を外そうかと思ったが、そうしたところで大した軽量化は見込めないだろう。どうしよう。遺体を運び出すのは、翌日に迫っていた。

少し考えてから、苦渋の決断を下した。首の途中で切断して、軽くしよう。ただ、第一胸椎の周囲の構造を観察したいので、首の根元で切断することは絶対に許されない。人力で運べるくらいに軽量化するには、どこで切断すれば良いだろうか。

フジの遺体を見ながらしばらく考えた結果、第五頸椎と第六頸椎の間で分けることにした。遺体を触り、骨の位置を探る。ここが第五頸椎だ。切断する場所にめどをつけたら、その部分を丁寧に解剖していく。適当に切断してしまったら、どの筋肉とどの筋肉がつながっていたのかわからなくなってしまうが、解剖して記録を取ってから筋肉を切断すればきっと後からでも構造がわかるはずだ。

再びトラックがやってきた時、フジの遺体はほとんど骨だけになっていた。肉がついているのは、私が引き続き解剖する2つのパーツのみ。第一頸椎から第五頸椎までがつながった120㎝ほどの〝首上方部〟のパーツと、第六頸椎から第六胸椎までの100㎝ほどの〝首と胸の境界部〟のパーツだ。どちらも1人で運ぶのは難しい重さだが、2人がかりならなんとか持ち上げることができた。

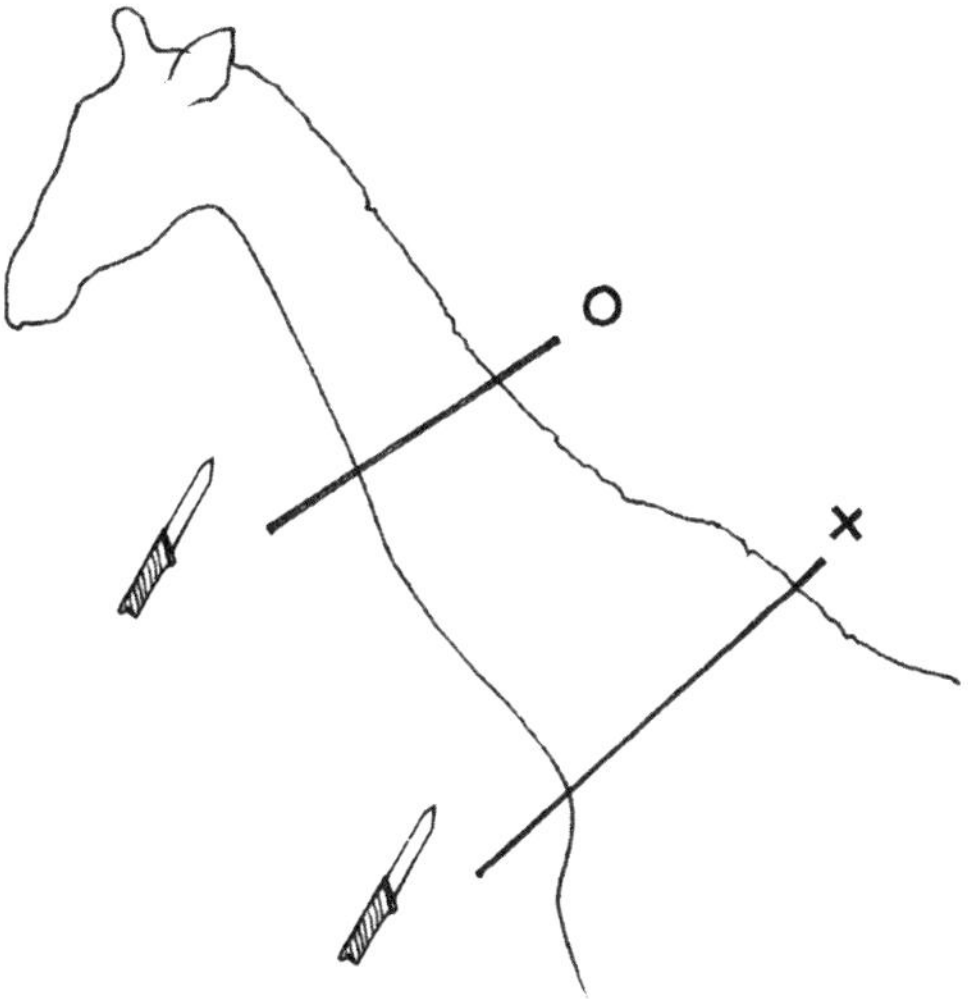

首の根元の筋肉を傷つけないよう、首の真ん中あたりで切断。

フジの遺体を載せたトラックを見送ると、研究室で待機している先輩に電話をかける。これから東大へ向かっても、私が着くのはトラックが到着した後になってしまう。先輩にトラックの到着予定時間を伝え、晒骨機に入れていい部分と解剖のため保管してほしい部分について説明する。間違って解剖する部分を晒骨機に入れられてしまったら大変だ。何度も説明し、念を押す。

数時間後、先輩から「無事に到着して、後日解剖する2つのパーツを冷凍庫に入れておいたよ」との連絡が入った。ほっとしたら、4日間の奮闘の疲れが一気にやってきた。疲れた。意識が朦朧とする中で、なんとか自宅にたどり着き、布団の中に潜り込む。一度休息を取り英気を養ってから、「キリンの首の根元の構造」に立ち向かおう。一体どんな構造をしているのだろうか。わくわくしながら、あっという間に眠りに落ちた。

第一胸椎を動かす筋肉を探せ

2012年12月28日。数日間の休息ですっかり元気になった私は、再びフジの遺体と向き合っていた。今回は、はっきりした目的のある解剖だ。自然と肩に力が入る。そう、キリンの第一胸椎を動かす筋肉を探すのだ。

これまでの解剖では、主に首の側面・背部の筋肉を観察してきた。特に理由はなかったが、首のおなか側の筋肉の解剖はしてこなかった。けれども今回は、そのおなか側の筋肉が重要だ。「第一胸椎は、背腹方向によく動き、首の運動の支点として機能するのではないか」という仮説を立てていたからだ。首のおなか側には、首を下げる運動を担う筋肉「頸長筋」がある。今回は、この筋肉の構造をしっかりと観察しよう。

頸長筋は、胴体部分から首の先端まで続く、とても長い立派な筋肉だ。いつものように、筋肉がどの骨とどの骨をつないでいるのか、丁寧に記録を取っていく。これまでとは違い、「研究につながる解剖」だ。自然とスケッチにも気合が入る。

解剖の教科書を見てみると、頸長筋は、首の先端の方を動かす「頸部」と首の根元部分を動かす「胸部」の2つに分かれているらしい。頸長筋胸部の一部が、第一胸椎を動かすような構造に変化しているに違いない。そう思い、頸長筋胸部の「停止」[*4]を詳しく観察してみることにした。教科書や論文を読む限り、ウマなどでは頸長筋胸部の停止は第六頸椎だそうだ。キリンでは、どうだろうか。

解剖を進めていくと、キリンの頸長筋胸部の停止が少し変わっていることがわかってきた。ウマやヤギとは違い、第六頸椎だけでなく、第七頸椎にも停止しているのだ。「ここの構造が異なっているのではないか」と予想して解剖し、予想通り変わった構造が観察される、という初めての経験に胸が躍る。

ところが、頸長筋胸部の構造がやや変わっていることはわかったけれども、肝心の「第

＊4　**停止**　筋肉の付着部のうち、筋肉が収縮した際に動かされる部分（力が作用する部分）のことを指す。

筋肉の「起始」と「停止」

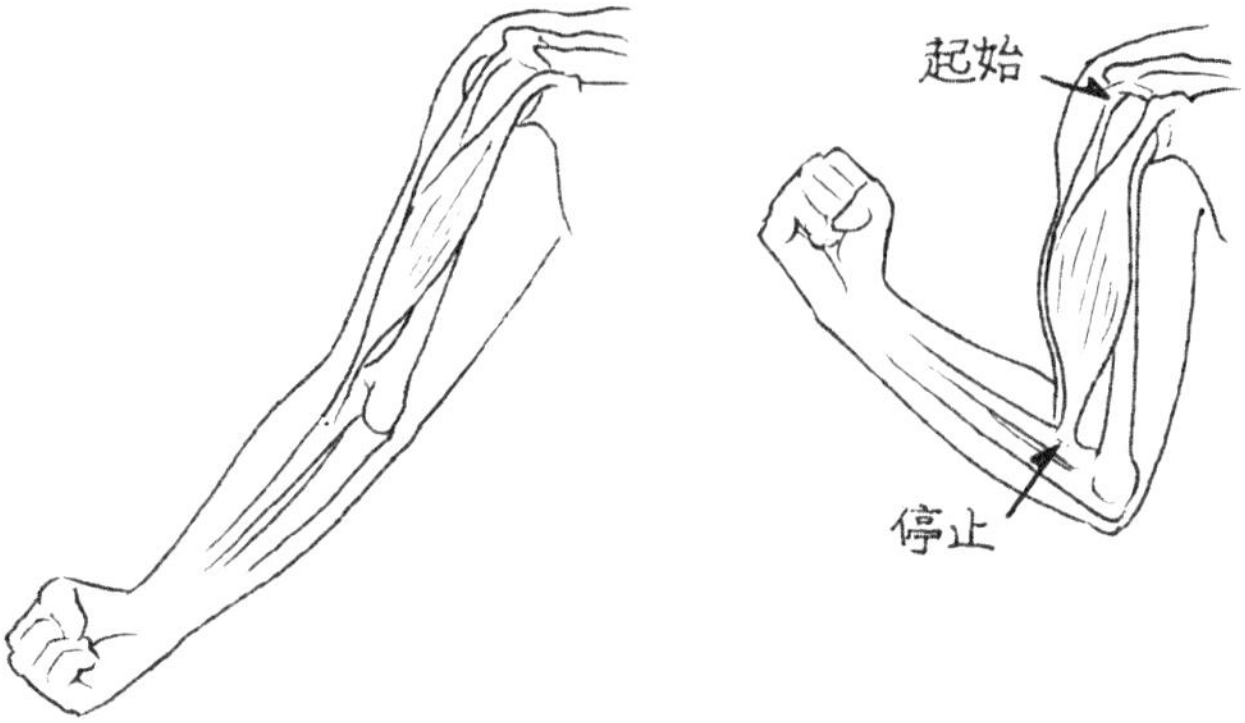

筋肉の付着部のうち、筋肉が収縮した際に動かされる部分(力が作用する部分)を「停止」、筋肉が収縮しても動かない部分(力の支点となる部分)のことを「起始」と呼ぶ。

一胸椎を引っ張って動かすような筋肉」が見当たらない。第六頸椎と第七頸椎には立派な腱で筋肉が停止しているが、第一胸椎に腱状の筋停止はない。これでは、筋肉が収縮したとき、第六頸椎や第七頸椎は動かされるが、第一胸椎は動かされない。

そんなはずはないと思い、何度も慎重に見返すけれど、やっぱりそんな筋肉は存在していない。一体どういうことなのだろうか。キリンの第一胸椎は、動かないのだろうか?

2012年の大晦日の夜8時、私は遠藤先生にこんなメールを送った。

「キリンのフジを解剖しているのですが、

やはり頸長筋はかなり変です。予想していたものとは少し違いましたが、骨の形の〝ずれ〟だけでなく、筋肉の構造の〝ずれ〟もありそうです。年明け、キリンを見ながらお話できたら嬉しいです。では、先生も、よいお年をお迎えください」

すっかり年末年始にキリンの解剖をするのが恒例になっていた。

やはり見つからない筋肉

２０１３年　１月

結局、フジの解剖のときは、第一胸椎を動かす筋肉を見つけられなかった。首のおなか側を解剖するのは今回が初めてだったし、ちゃんと理解できなかっただけに違いない。あるいは、解剖中に不用意に切断してしまって、わからなくなってしまったのかもしれない。第一胸椎を動かすような筋肉は、きっとある。次の解剖のときには、第一胸椎を動かす筋肉をきっと見つけられるはずだ。そう自分を鼓舞して、次の機会を待つことにした。

それから3週間後の1月28日。キリンの訃報が飛び込んで来た。神戸市王子動物園で飼育されていた、シゲジロウというマサイキリンの若いオスだった。今度こそと意気込み、私は再び神奈川県立博物館へと向かった。

今回も動物園の方にお願いして、首と胸の境界部分を傷つけないでもらった。シゲジロウの首は、第三頸椎と第四頸椎の間で切断され、頭から第三頸椎の〝首上方部〟と、第四頸椎から第八胸椎までの〝首から胴体〟の2つに分けられていた。ちょうど、私がフジの遺体を東大に輸送する際にした分け方と同じような感じだ。

フジのときを思い出しながら、慎重に丁寧に解剖を進めていく。今度こそ第一胸椎を動かす筋肉を見つけたい。

ところが、第一胸椎を動かすような筋肉はやっぱり見つからなかった。もしかしたら、そんな筋肉、ないのかもしれない……そんな考えが頭をよぎる。うーん、やっぱり第一胸椎が動くなんて、そんなこと有り得ないのだろうか。

目の前に横たわるシゲジロウの遺体を眺めていたら、あることに気がついた。前回から注目している「頸長筋」が、第七胸椎まで伸びているのだ。フジのときは、神奈川県博から東大に輸送する際、第六胸椎と第七胸椎の間で切断してしまっていた。どうやらあのときは頸長筋を途中で切ってしまっていたらしい。

頸長筋の一番お尻側の付着は第七胸椎、とノートにメモしたところで、はたと気がつく。あれ、頸長筋って、普通、第六胸椎までじゃなかったっけ？　そうだよ、だからフジのときは、第六胸椎と第七胸椎の間で切断したんだ。

ノートの隣に置いてあった教科書のコピーを確認してみる。やっぱりそうだ。ヤギやウマなどでは、頸長筋胸部の一番後ろ側の付着位置は、第六胸椎。つまりキリンでは、筋肉の付着位置が椎骨１つ分後ろに伸びているようだ。

筋肉の構造も、骨の形と同じく少し「ずれて」いるらしい。ならば第一胸椎を動かす構造もあるかもしれない。諦めるのはまだ早そうだ。

コラム

キリンの角

「キリンの角って、どんな触り心地なんですか？　柔らかいんですか？　何の役に立つんですか？」

一般向けの講演会や博物館のイベントなどで、一番よく聞かれることが、キリンの角についてだ。

角をもつ動物はたくさんいる。哺乳類だけでも、ウシのなかまやシカのなかま、サイなど、さまざまな動物が立派な角をもっている。その中で、キリンの角は確かに異質だ。彼らの角は、ウシやシカの角に比べてはるかに短く、毛に覆われ、先端が丸い。ほかの動物の角に比べて、随分頼りない見た目である。

実は、キリンの角は、ウシやシカ、サイの角とは完全に違う構造をもつ。

ウシやシカの角は、「前頭骨」と呼ばれる頭骨の一部が突起状に伸びてできている。シカの角は骨がそのまま露出していて、ウシの角は骨の上にケラチンでできた「さや」が覆いかぶさっている。ケラチンとは、毛や皮膚、爪などに含まれている成分だ。

キリンの角の位置

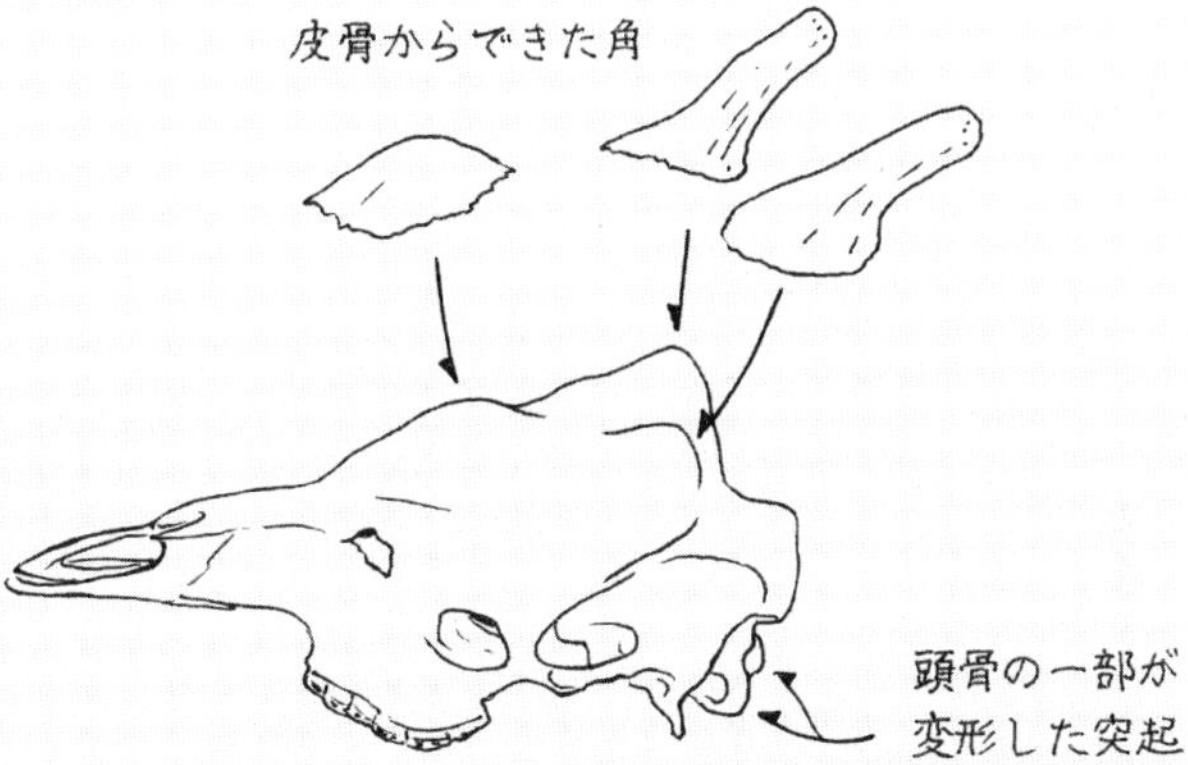

ふわふわした毛で覆われた丸っこくてかわいい角だが、中にはしっかりとした骨が。頭頂部の2本と額の1本は、「皮骨」でできた角。よく「4、5本目の角」として紹介されているのは、後頭部の骨が変形してできた突起。

シカとウシでは角の特徴が違うので、顔立ちや体形がすらっとしていてウシっぽくない動物でも、角を観察すればウシと判断することができる。例えば、シカの名がつくカモシカも、黒いさやに覆われた角を見れば、ウシのなかまであることがわかる。

ちなみに、サイの角はケラチンの塊で、中に骨は入っていない。

では、キリンの角はどんな構造をしているのだろうか？　キリンでも、ウシやシカと同じく角の中には骨がある。ただし、ウシたちのように頭骨の一部が突起状に変化した骨ではない。皮膚(真皮)の中に形成される「皮骨《ひこつ》」と呼ばれる少し変わった骨だ。

皮骨という言葉には聞き馴染みがないと思うが、例えばアルマジロの甲羅に入っている骨なんかがそうである。ワニの背中の凸凹した部分にも、皮骨板と呼ばれる板状の皮骨が1枚ずつ並んでいる。

皮骨は、頭骨とは関係なく皮膚の中で独自に作られる骨である。そのためキリンの角の骨は、初めは頭骨から独立したパーツとして存在している。若いキリンの場合、骨格標本にすると、角の骨が頭骨から外れてしまう。

ただし、体が成長していくと、角の骨と頭骨は徐々に癒合《ゆごう》していく。個体差が大きいが、大体7〜8歳の頃には癒合が始まり、最終的には角の骨と頭骨の境目はわからなくなる。

角の中には骨が入っているので、当然、ぶつかったらとても痛い。以前、解剖中に、クレーンで吊ったキリンの頭が腕に思いっきりぶつかったことがある。角がぶつかったところは大きな青あざになった。「ぽわぽわの毛がついていて、かわいい角」と認識されがちだけれど、首をブンブン振り回して闘うキリンにとっては、あの角はかなり脅威だと思う。立派な武器だ。

そうそう、キリンの角といえば、角の本数の話も欠かせない。最近、動物の雑学本などの中で、「キリンの角は5本」と紹介しているのをよく見かける。「キリン　角　5本」で検索すると、キリンの角が5本であることを紹介する記事やブログが大量に出てくる。それらの記事を読んでみると、キリンの角は頭に2本、額に1本、そして後頭部に2本あるらしい。キリンの角は、5本なのだろうか？

結論から言うと、キリンの角は、頭上の2本と額の1本の計3本である。頭上の2本と同じく、額の出っ張りも皮骨からできた立派な角である。額の角も、やはり子供の頃は頭の骨とは別のパーツとして存在している。

残りの2本の「角」とされている「後頭部の突起」は、頭骨の一部が変形したものであり、ほかの角のように皮骨からできたものではない。大人のオスのキリンだと、目の上にたんこぶのような突起ができることも多いそうだが、これも頭骨の一部が変形したものだそうだ。海外の専門書では、キリンの角は3本と書かれている。

いろんな本や論文を読んでみたところ、ごくまれに、後頭部の突起が発達し、あたかも5本の角をもつかのように見えるキリンが生まれることもあるらしい。そんな情報がめぐりめぐって、「キリンの角は5本」という雑学になってしまったのだろうか。

今や結構メジャーになってしまった「キリンの角5本説」だが、私は「キリンの角は3本」を唱えていきたい。皮骨からできる角は、キリンのなかまでしか見られない特徴の1つだからだ。それに「3本角」だって、ほかの動物にはない、十分変わった特徴だ。

第6章

胸椎なのに動くのか？

肋骨があっても動くのだろうか？

２０１３年　３月

２０１２年の暮れから２０１３年の春にかけて、私は立て続けに４頭ものキリンを解剖した。前述したフジ、シゲジロウの解剖を終えたあと、千葉市動物公園の「リュウオウ」、横浜市立野毛山動物園の「マリン」の解剖をした。

この〝解剖修行〟を経て、キリンの首の筋肉構造の全貌は捉えつつあった。けれども、肝心の第一胸椎を動かす筋肉はまだ見つかっていなかった。

だんだん自信がなくなってきた。キリンの第一胸椎は本当に動くのだろうか。

そもそも、左右に肋骨が接しているのだから、たとえ第一胸椎を動かすような筋肉があったとしても、肋骨によって動きは制限されてしまうのではないだろうか。もしも動くとしたら、肋骨の接し方も特殊化しているのではないだろうか。

キリンとオカピの肋骨のつき方

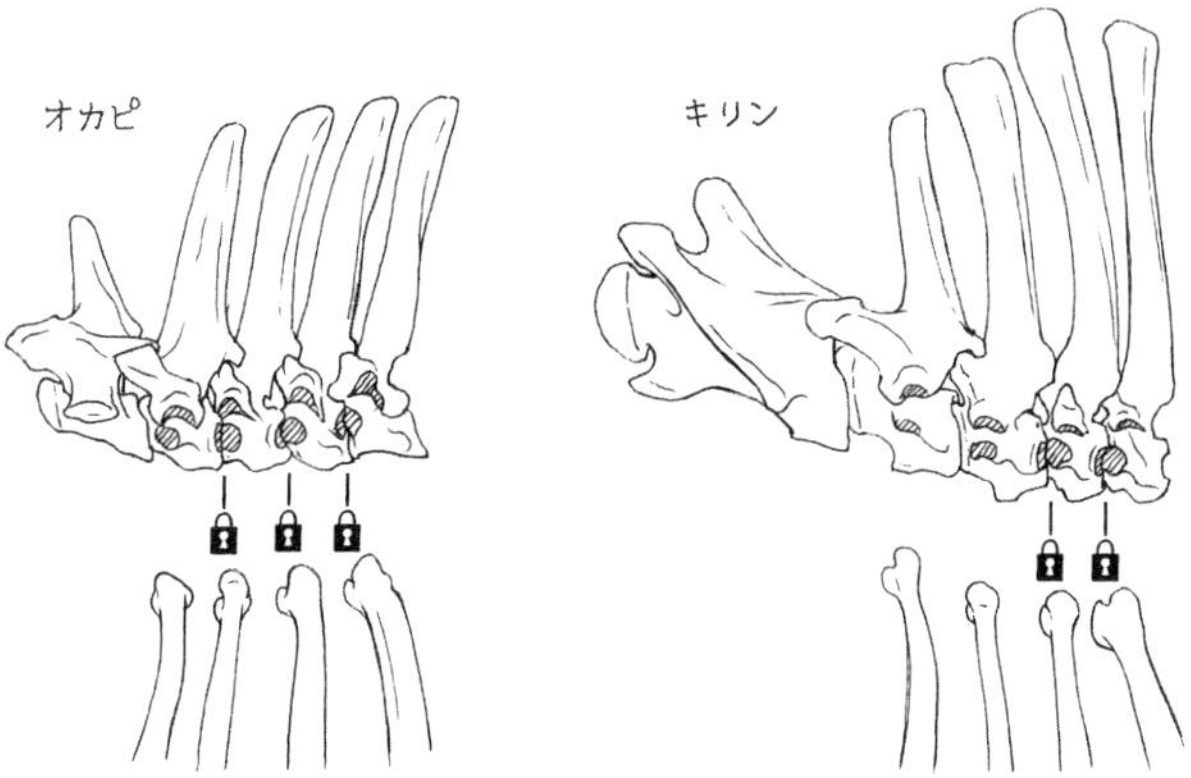

オカピでは、第二肋骨は第一胸椎と第二胸椎にまたがるように関節するため、第一胸椎の動きは制限される。第三肋骨以降も同様。一方キリンでは、第二肋骨は第二胸椎だけに接しているため、第一胸椎は動きの制限をほとんど受けない。

そう考え、骨格標本をじっくり観察してみることにした。東大の地下収蔵庫からキリンの骨格標本を引っ張り出し、作業室の床に置いていく。第七頸椎、第一胸椎、第二胸椎、と椎骨を1つずつ並べていく。そして、骨の形を頼りに椎骨に肋骨をくっつけていく。

確かに、第一胸椎には立派な第一肋骨が接している。こんなに立派な肋骨が接していたら、やっぱり動かないんじゃないだろうか。頭を悩ませながら観察を続けていると、あることに気がついた。第一肋骨、第二肋骨、第三肋骨の接し方が少しずつ異なっているのだ。

肋骨は、基本的に、前後2つの椎骨の

間にまたがるように関節する。例えばオカピでは、第二肋骨は、第一胸椎と第二胸椎の間に接している。これでは第一胸椎はほとんど動くことができないだろう。

キリンでも、第三肋骨以降は同じ構造だ。ところが、第一肋骨と第二肋骨は少し変わった構造を示す。肋骨の関節の位置が少しだけ後ろにずれていて、椎骨同士の間にまたがっていないのだ。つまり、第一胸椎と第七頸椎の間、第一胸椎と第二胸椎の間には、肋骨の邪魔が入っていないのだ。これならば、第一胸椎周囲での肋骨による動きの制限は、最小限で済むはずだ。

この構造に気がついたら、やっぱり第一胸椎は動くような気がしてきた。どうにかして、第一胸椎の可動性を確認できないだろうか。

第一胸椎が動くかを確認するには、実際に遺体の首を人力で動かして骨の動きを確認してみるのが一番だ。けれども、大人のキリンの首は強力な項靭帯で引っ張られているため、私1人の力で動かすのは不可能だ。おそらく2、3人がかりでも難しいだろう。とはいえ、筋肉や靭帯を全て取り外してしまったら、本来の可動性からはかけ離れてしまう。

そこで目をつけたのが、キリンの赤ちゃんだ。赤ちゃんならば、項靭帯はあまり発達していないだろうし、私でも首を動かしてみることができるに違いない。

しかも、キリンの赤ちゃんの遺体には当てがあった。

託されたキリンの赤ちゃん

2012年 1月

話は1年ほど前にさかのぼる。

2012年1月10日、当時学部4年生だった私は、遠藤研の先輩と一緒に国立科学博物館の新宿分館に来ていた。新宿分館は、科博の研究部の方々がいる施設だ。学部3年生の終わり頃から、科博の鳥類研究部で鳥の解体をして骨格標本を作るアルバイトをしていたこともあり、ここへは何度も訪れていた。

科博の研究部は、この年の4月から茨城県つくば市への移転が決まっていたので、その日の新宿分館は閑散としていた。人の気配がない研究棟の前を素通りし、隣接するプレハブ小屋へ向かう。

扉を開けると、動物研究部の川田伸一郎先生が作業をしていた。川田さんは、モグラの染色体を専門とする研究者であり、科博の陸生哺乳類の標本作成・管理を一手に引き受ける責任者でもある。

挨拶をすると、川田さんは私たちに気がついて手を止め、奥の冷凍庫に向かった。そして中から、ブルーシートに包まれたひと抱えほどの四角い物体を引っ張り出してきてくれた。川田さんの背中越しに冷凍庫の中を覗くと、既に引っ越しが済んでいるのか、ほとんど中身はなく、随分すっきりとしていた。

ブルーシートを開くと、中からキリンの赤ちゃんの遺体が現れた。全長120㎝ほどで、頑張れば私でも持ち上げることができるくらいの大きさだ。多摩動物公園で生まれ、生後間もなく亡くなってしまった個体らしい。引っ越しのために冷凍庫を整理していたら、奥の方から発掘されたそうだ。かわいらしい顔を眺め、全身の写真を何枚か撮る。今日はこの遺体を受け取るために、新宿分館へやって来たのだ。

死因解剖によってキリンの赤ちゃんのおなかは切り開かれ、内臓は取り除かれていた。なぜか左腕が胴体から外されていたけれども、それ以外はかなり状態が良い。皮もついたままだし、首の部分はほとんど無傷だ。素晴らしい。

川田さんに丁寧にお礼を伝え、乗ってきた車のトランクに遺体を載せる。当時、科博は引っ越しでバタバタしていたし、キリン1体を数日間で解剖できるほどの技能も私にはまだなかった。そこで、川田さんにお願いして、遺体をお借りして東大でじっくり解剖させてもらうことにしたのだ。

ＣＴスキャン

2013年　2月

この時お借りしたキリンの赤ちゃんの遺体は、1年経った今でもほとんど手付かずで冷凍庫に眠っていた。ここぞという時のためにとっておいたのだ。今こそ、この標本の使いどきだ。この標本を使って、第一胸椎に可動性があるかを調べてみよう。

しかし、骨は筋肉や靭帯に包まれているので、遺体の首を動かしてみたところで骨の動きを見ることはできない。筋肉などを全て取り除いたら、骨の動きは見えるかもしれないが、本来の可動性からはかけ離れてしまうだろう。どうにかして、筋肉に包まれたまま、中の骨の様子を観察することはできないだろうか。

そこで、ＣＴスキャナーを利用することにした。放射線を使って体の内部を透過した画像を何枚も撮影し、コンピューター上でつなぎ合わせることで、体内の構造を立体的に観察することができる装置だ。ちょうどこの頃、東大博に研究に使える医療用のＣＴスキャナーが導入されたのだ。

遠藤先生にＣＴの使用許可を出してもらい、実験のスケジュールを調整する。実験前夜に冷凍庫からキリンとオカピの遺体を取り出し、常温で自然解凍する。科博から借りたキリンの赤ちゃんと、神奈川県博から借りたオカピの赤ちゃんだ。

解凍したキリンの赤ちゃんの遺体をＣＴスキャナーのベッドの上に載せ、首を上げた姿勢で遺体を固定する。部屋から出て、外にあるパソコンを操作すると、ピピピピという電子音が流れ、キリンを載せたベッドが移動しはじめた。パソコンの画面に次々と断層画像が現れていく。

撮影が終わると再び装置の部屋へ入り、首を少し下げた姿勢に変える。固定をしたら部

推定された頸椎・胸椎の可動範囲

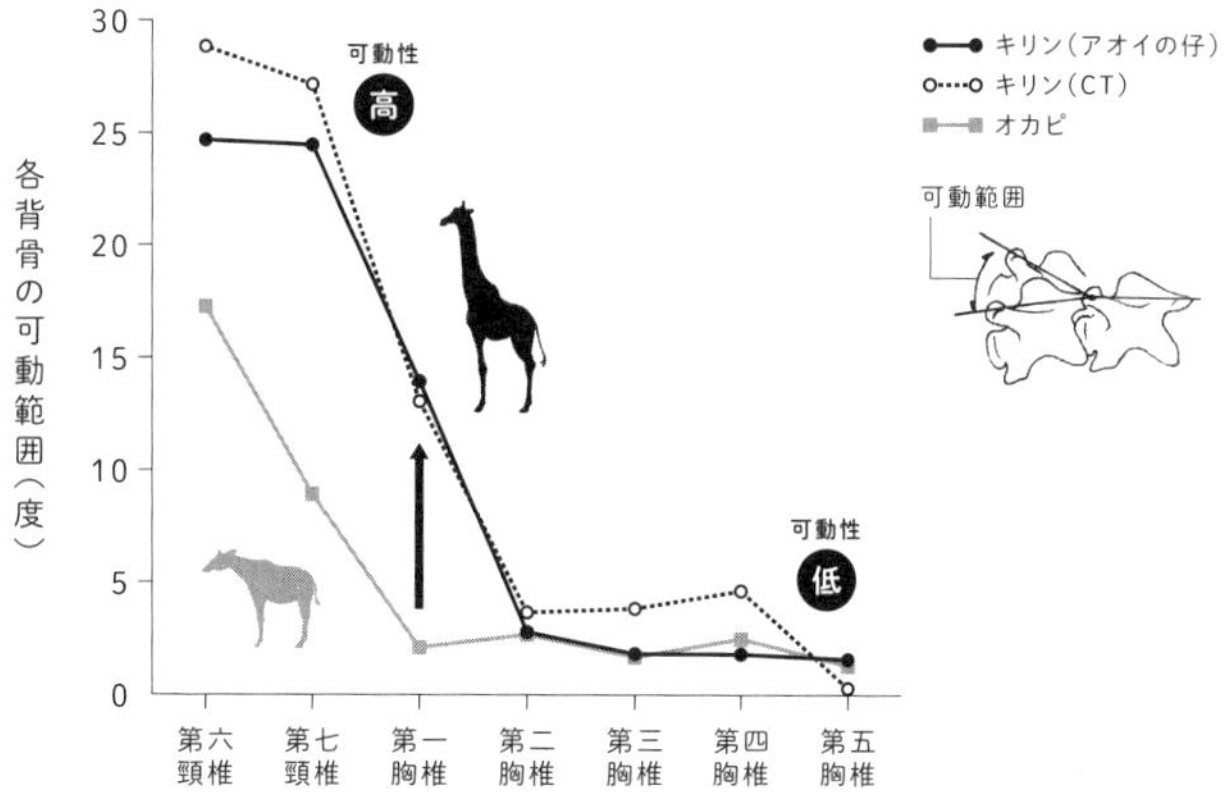

キリンでは第六・第七頸椎の可動範囲は広く、第二胸椎以降の可動範囲は狭い。第一胸椎は第七頸椎と第二胸椎の中間くらいの可動範囲。オカピでは第六頸椎の可動範囲は広く、第一胸椎を含む胸椎の可動範囲はとても狭い。

屋を出て、2度目の撮影に入る。同じ作業を数回繰り返す。最後は、頭の位置が最も低くなるように首を下げきった状態で遺体を固定し、撮影する。

こうすれば、首の姿勢が変わったときに、それぞれの骨がどれくらい動いているかが理解できるだろう。キリンが終わったら、次はオカピだ。今度はオカピの遺体をベッドの上に載せ、同じ作業を繰り返していく。

撮影したデータを読み込み、パソコン上で立体構築し、骨の並びを観察する。椎骨の可動性を理解するために、各椎骨において「後ろの椎骨に対するその椎骨の角度」を計算する。これを姿勢ごとに行い、首を最も上げたときと最も下げたときで、角度の比較を行う。これで、首を上げ下げした際に椎骨がどれくらい動いたかが計算できる。ドキドキしながら解析を進める。

まずはオカピの解析結果がパソコン画面に表示された。オカピでは、第一胸椎はほとんど動いていないようだ。では、キリンはどうだろうか。一度深呼吸をして、ファイルを開く。キリンの第一胸椎の推定可動範囲は、13度と表示されていた。

キリンの第一胸椎は、動いていた。

名もなきキリン

2013年　6月

「ニーナ」「シロ」「アジム」「フジ」「シゲジロウ」「リュウオウ」「マリン」——これまで解剖してきたキリンは、全て愛称で記憶している。けれども、私のところにやってくる遺体全てに名前がついているわけではない。このときCTスキャンを撮影した個体も、名前がない個体だった。名前がつく前に亡くなってしまったのだ。

私には、絶対に忘れられない「名もなきキリン」が2頭いる。1頭はもちろん前述のキリン。そしてもう1頭は、多摩動物公園で飼育されている「アオイ」が産んだ赤ちゃんだ。「アオイの仔」も、CTスキャン撮影をしたキリンと同じく、生まれてすぐに亡くなってしまった個体だ。

彼女（アオイの仔）と出会ったのは、2013年の6月。ちょうど、3ヶ月で4頭のキリンを解剖する機会に恵まれ、解剖の技術も知識も、自分でもわかるくらい向上していた頃だった。

その日私は、科博の川田さんから「キリンの赤ちゃんが献体されたんだけど、解剖しにくる？」とお声がけいただき、茨城県つくば市にある科博の研究施設を訪れていた。地下にある解剖室へ向かうと、緑色のケースの中に、キリンの赤ちゃんの遺体が収められていた。

遺体の状態はかなり良かった。四肢は外されてしまっているものの、頭、首、胴体はつながっている。左半身には手をつけず、右半身だけ解剖を進めていく。

CTスキャンのデータからは、キリンの第一胸椎が動いていることが明らかになった。

けれども、ＣＴデータで見られるのはあくまで静止画だ。実際に動いている様子を見たわけではない。第一胸椎が本当に動くのか、私はまだ半信半疑だった。そこで、「アオイの仔」を解剖し、骨が見える状態にして、首を動かしたときに椎骨がどのように動くかを観察してみることにした。

なるべく本来の可動性から離れないよう、左半身の筋肉、靭帯、腱は傷つけずに、右半身だけ筋肉を外していく。椎骨の姿が見えてきたところで、骨の一部にマーカーをつける。あとで動画から椎骨の可動範囲を推定するためだ。

遺体の真上に三脚を設置し、レンズが真下を向くよう、ビデオカメラをセットする。首がちゃんと写るよう、三脚のセンターポールを伸ばしていく。三脚の横に置いた椅子の上に立ち、液晶モニターを覗く。首の骨と、骨につけられたマーカーがきちんと写っている。大丈夫そうだ。録画ボタンを押すと、椅子から降り、再び遺体に近づく。

一度深呼吸をした後、首をつかみ、ゆっくりと動かす。すると私の動きに合わせ、第一胸椎がゆっくりと動いていく。やっぱり第一胸椎は動くんだ。ＣＴスキャンによる解析によって既にわかっていたことではあったが、目の前で実際に第一胸椎が動いている様子は、あまりに感動的だった。

撮影を止め、あらためて第六頸椎、第七頸椎を動かしてみると、随分よく動く。やはり頸椎は可動性が高い。次に第一胸椎をつかんで揺すってみると、頸椎ほどではないが、十分よく動く。第二胸椎は、強く引っ張ってもほとんど動かない。それ以降の胸椎も同様だ。骨につけたマーカーから椎骨の角度を計算し、頸椎、胸椎の可動性を算出する。結果はCTデータから推定した可動性と見事に一致していた。キリンの第一胸椎は、動くのだ。

パソコン上に表示された「バーチャルの骨格」と、実際に目の前にある本物の遺体では、発するパワーが全然違う。CTデータから第一胸椎が可動性をもつことが示されたときは嬉しかったが、こんな風に心の底から震えるような感動はしなかった。

濃いめのベージュの床の上に横たえられたアオイの仔の遺体。真っ赤な筋肉、クリーム色の骨、淡い黄色の項靭帯。誰もいない解剖室は、まるで時間の流れが止まったかのようだった。これまでの研究生活の中で、一番印象に残っている瞬間だ。

名前がつくこともなく亡くなってしまったキリンは、動物園のスタッフさんを除けば、基本的には誰の記憶にも残らないだろう。けれども私は、キリンの第一胸椎が動くことを証明してくれた「アオイの仔」と、彼女と共に過ごした数日間のことを、生涯にわたって絶対に忘れることはないだろう。

コラム

キリンの頭は石頭

博物館で講演などをするとき、キリンの頭骨を持ちながら話すことがある。その際大事なポイントは、メスの頭骨を選ぶことだ。

実は、キリンのオスは、メスに比べてはるかに頭が重い。メスの頭骨は平均3・5kgだが、オスでは平均10kgにもなるのだ。子どもの頃は頭骨の重さに雌雄差はないにもかかわらず、性成熟を終えた頃から、オスのみ頭骨が急激に重くなっていくのである。

重さの原因は、骨の成長だ。キリンのオスでは、性成熟後に、頭骨の表面が分厚くなっていくのだ。メスのキリンでは鼻の周りの骨が薄く透けているのに対し、成熟したオスのキリンでは分厚くてまったく透けないので、オスかメスかは頭骨を見れば一目瞭然だ。また、顔面の周囲に生じる骨質のこぶの存在も大きい。オスのキリンは、目の周りの骨に角のようなこぶができることが多いのだ。

オスの頭が重くなる理由は、オス同士の闘い「ネッキング」の際にお互いの頭をぶつけあうからではないかといわれている。過去の研究者たちは、断続的に頭骨に加わる力によって、過剰な骨の成長（骨沈着）が引き起こされるのではないかと考えたのだ。また、頭が重い方が、ネッキング時に相手に与えるダメージは大きくなるので、ほかのオスを倒し、繁殖相手を確保する上でも有利になるはずである。

ちなみに、私が国内の博物館で保管されているキリンの頭骨を計量してみたところ、オスの頭骨の方が確かに重いのだが、せいぜい6kgほどで、10kgを超えるような頭骨は見つけられなかった。そのため、過去の論文に11kgを超えることもあると書いてあっても、にわかには信じられなかった。

調査でパリの博物館を訪れ、初めて野生のキリンの頭骨を見たときは驚いた。残念ながら秤がなかったため正確な重さはわからないが、持ち上げてみた感じ、間違いなく10kgは超えていた。頭骨の分厚さもゴツゴツ感も、私が今まで見てきたキリンの頭骨とは別物のようであった。

動物園では複数のオスがいる状況で飼育することが少ないため、野生に比べてネッキングをする機会は極端に少ないはずだ。頭骨に衝撃が加わる機会が減るため、飼育個体ではそこまで頭骨が重くならないのかもしれない。あるいは、頭が軽い個体でも繁殖し子孫を残せるので、飼育下では頭が軽い個体が増えてきているのだろうか。ホルモンも

関係しているかもしれない。衝撃によって重くなる説に関しても、検証が行われたわけではないので、頭骨が重くなる原因はまだはっきりとはしていない。今後さらなる調査が必要だ。

ともかく、キリンの頭骨はメスよりもオスの方がはるかに重い。オスの頭骨の方がゴツゴツしていてかっこいいのも事実だが、過去に一度、オスの頭骨を持って1日中展示の解説をして、えらい目にあった。もしもキリンについて講演する機会があなたに訪れたなら、翌日の筋肉痛を避けるために、迷わずメスの頭骨をもって講演会場へ向かうべきだ。

第7章 キリンの8番目の「首の骨」

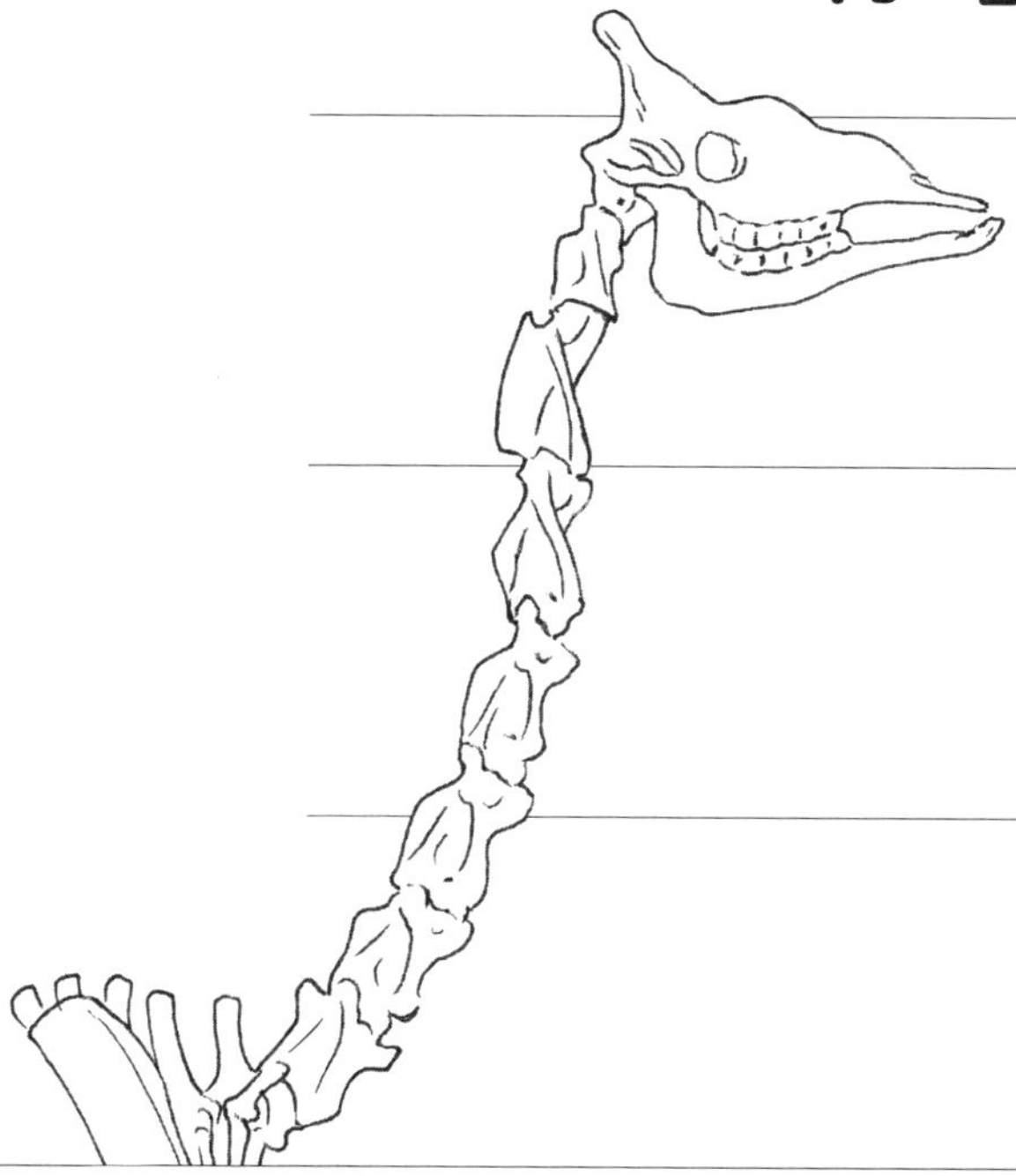

オカピの解剖

2013年　2月

キリンの第一胸椎は動いているらしい。しかしまだ現時点では、「キリンの第一胸椎は外から力をかけたら動く」ということしか言えない。キリンは自ら第一胸椎を動かすことができるのだろうか？　能動的に動かせることを証明するには、第一胸椎を動かすような筋肉の仕組みを見つけなければならない。

これまでのキリンの解剖では、第一胸椎を動かす筋肉が特定できていなかった。キリンだけを見ていても、キリンの特殊さは理解できないのかもしれない。そう思い、ついにあの個体を解剖する決意をした。神奈川県立博物館で運命の出会いを果たした、オカピの仔だ。

解剖室の机の上に、オカピの遺体を仰向けに置く。倒れないよう体の両サイドをブックエンドで固定する。ヘッドライトで遺体を照らしながら、頸長筋の構造を観察していく。頸長筋の最も後ろの付着位置は、ウマやヤギと同じく、第六胸椎だ。やっぱりキリンよりも1つ前の椎骨だ。慎重に解剖を進めていく。

オカピの頸長筋は、第一胸椎から第六胸椎に起始し、第六頸椎に立派な腱で停止していた。キリンでは、起始[*5]は第二から第七胸椎だった。停止は第六頸椎と第七頸椎。やはり、骨の形と同じく、筋肉の構造も少しずれているようだ。

オカピの解剖をしたことで、筋肉のずれ方は明確になった。けれども、そのずれの意味はまだはっきりしていなかった。頸長筋のように、いくつもの関節にまたがって付着する「多関節筋」は構造が複雑で、付着位置の違いがどのような効果を生むのか想像しづらい。

ただ、1つわかったことがあった。キリンの第一胸椎に似ているオカピの第七頸椎周囲の筋肉の構造についてだ。キリンに第一胸椎を動かすような筋肉が見つからなかったのと同様、オカピの第七頸椎を腱で引っ張るような筋肉も存在しなかったのだ。

一体これは何を意味しているのだろうか。キリンの第一胸椎とオカピの第七頸椎は動か

＊5　**起始**　筋肉の付着部のうち、筋肉が収縮しても動かない部分（力の支点となる部分）のことを指す。

ないのだろうか。情報を整理して、もう少しじっくり考えなければならない。

第一胸椎を動かす仕組み

2013年　4月

オカピの解剖を終えた後、私は次の研究室のセミナーの発表資料作りに取り掛かった。キリンとオカピの首の筋肉の構造をあらためて整理して、わかりやすく説明できる図を作らなくてはならない。

解剖用のスケッチブックを机の上に広げ、撮影した写真をパソコン上に表示する。ノートに頸椎、胸椎の概略図を描き、それぞれの筋肉がどことどこをつないでいるのか、色鉛筆で記入していく。

ノートをめくり、首の根元を動かす頸長筋胸部の構造を描き始める。キリンとオカピで、付着位置の〝ずれ〟があった筋肉だ。第一胸椎を動かす構造があるとしたら、この筋肉だ

頸長筋の構造

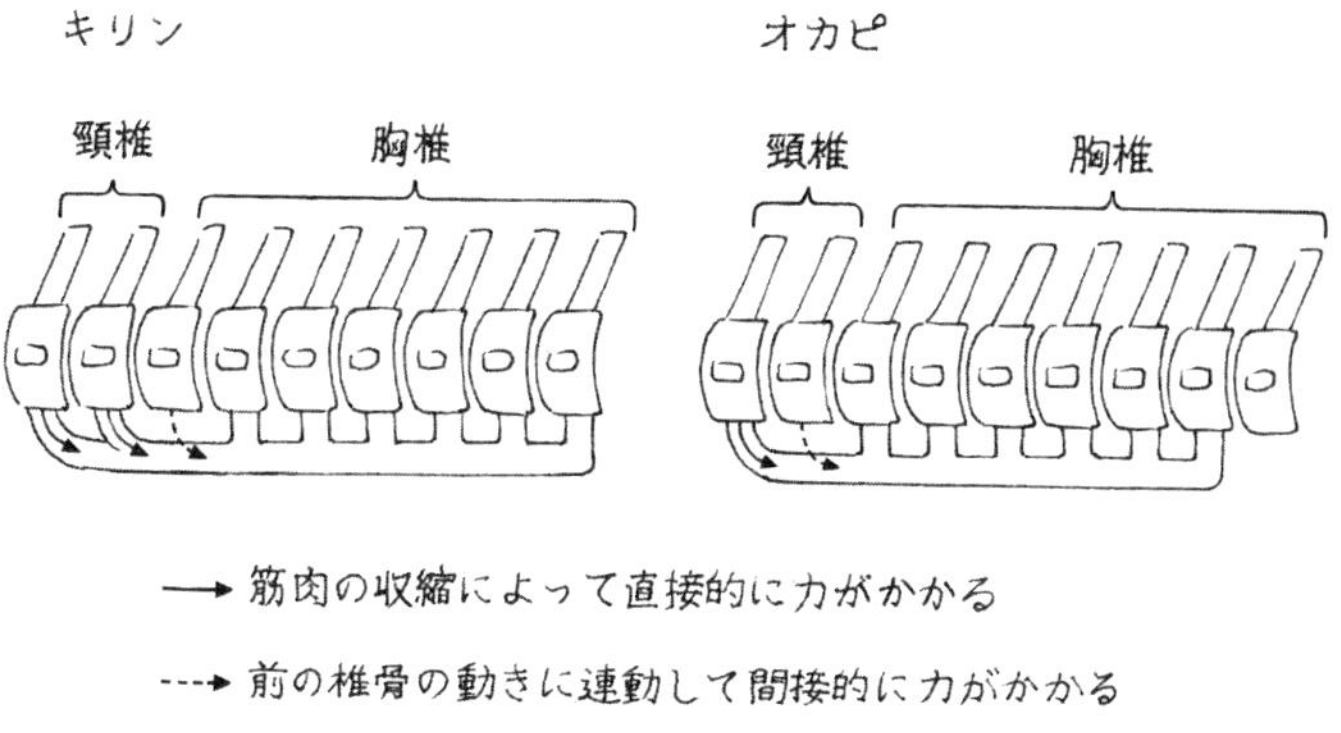

キリンでは第二〜第七胸椎に起始し、第一胸椎を飛び越え、第六・第七頸椎にしっかりとした腱で停止。オカピでは第一〜第六胸椎に起始し、第七頸椎を飛び越え、第六頸椎に腱で停止していた。

ろう。そんな予感がしていた。

まずはオカピの構造を描いてみる。起始である第一胸椎から第六胸椎と、停止である第六頸椎を線でつなぐ。この構造ならば、筋肉が収縮したときに生まれる力は主として第六頸椎にかかるだろう。

次に、キリンの構造を描いてみる。起始である第二胸椎から第七胸椎と、停止である第六・第七頸椎を線でつなぐ。キリンの場合では、筋肉が収縮したときに生まれる力は、第六頸椎と第七頸椎にかかるだろう。

そこで、はたと気がついた。この筋肉は、第一胸椎に腱で停止してはいないが、筋繊維は付着していた。腱で停止している第六頸椎と第七頸椎に比べれば小さいだろうが、第一胸椎にも力をかけられるはずだ。何より椎骨は連続した構造なので、筋肉の収縮で第六頸椎・第七頸椎が引っ張られたら、間にある第一胸椎にも自然と力がかかり、連動するんじゃないだろうか。

　オカピではどうだろうか。第一胸椎は「起始」になっているので、筋肉が収縮しても動かないはずだ。第七頸椎に停止する腱はなかったけれど、筋肉が収縮したら第六頸椎が引っ張られ、間にある第七頸椎も動かされるに違いない。

　ノートに図解を描いて、間違っていないか何度も考えてみる。うん、多分合っている。心の中でそう呟く。

　この構造は、キリンの第一胸椎の可動範囲が第六・第七頸椎の半分くらいであることも説明できているように思えた。キリンの第六・第七頸椎は、筋肉が収縮すると腱で直接力がかかるので、強い力で動かされる。そのためこれらの椎骨は可動範囲がとても広い。

多関節筋の構造と骨の動き

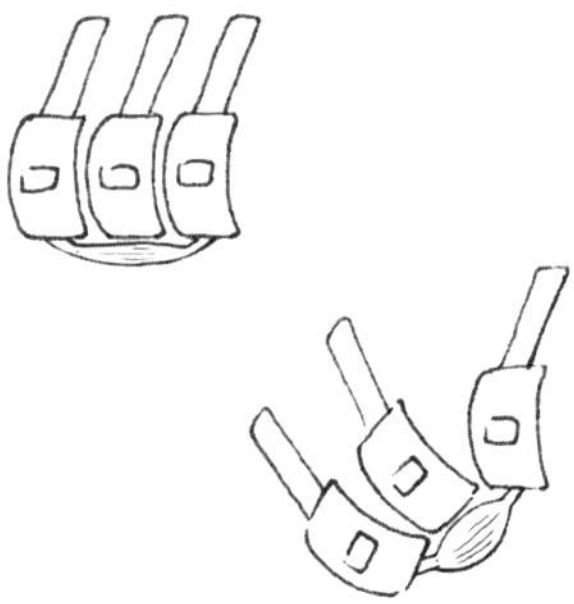

いくつもの関節にまたがって付着する多関節筋では、筋肉が収縮した際、筋肉が停止する骨だけでなく、起始と停止の間に挟まれた骨も連動して動く。

一方、第一胸椎は、腱で停止しているわけではないので筋肉が収縮しても大して力はかからないだろうし、第六・第七頸椎に連動する形で動くだけだろう。

ただ、第六・第七頸椎ほどではないけれど、第一胸椎にも椎骨を動かす力自体はかかっているので、力がかかっていないほかの胸椎よりは高い可動性を示すはずだ。同様の説明は、オカピの第七頸椎にも適用できそうだ。

これがキリンの第一胸椎を動かす仕組みだ。ついに見つけた。

完璧な遺体 ―キリゴロウ―

2015年1月

2015年1月18日は、雲1つない晴天だった。

私は、茨城県笠間市にある東京大学付属牧場に来ていた。ここに新たな遠藤研の大型動物解剖施設が作られたらしい。ヤギやブタの飼育小屋の隣を歩いて牧場の奥へ行くと、胸

の高さくらいまであるコンクリートの壁が見えてきた。伸縮式の簡易テントが立っている。中を覗くと、見慣れた晒骨機と解剖台が置いてある。「解剖室」というよりも、「青空解剖スペース」という感じだ。

ふと横を見ると、トラックが停まっている。真っ青な空を切り裂くように、一直線に真っ赤なクレーンが伸び、その先には、傷1つ付いていないキリンの遺体が吊るされていた。

そのキリンの名は、キリゴロウといった。富山市ファミリーパークで飼育されていた立派なオスのキリンだ。これまでに解剖してきたキリンたちは本当にどの個体も思い出深いのだが、「最も印象に残っている個体は？」と問われたら、初めて解剖したニーナか、第一胸椎の可動性を示してくれたアオイの仔か、このキリゴロウを挙げる。彼は、私にとって特別なキリンだ。

東大牧場の片隅に作られたコンクリートの床に、キリゴロウの遺体が降ろされた。本当に傷１つ付いていない。血の１滴も流れ出ていない。

通常、動物園でキリンが亡くなると、動物園の獣医さんが死因解剖を行う。その後は、飼育部屋から遺体を出すために体をいくつかのパーツに分けるのが普通だ。遺体の搬出にはクレーン付きのトラックが使用されるとはいえ、飼育小屋がある場所まではトラックが入れないことが多く、トラックを停められる場所までは人力で遺体を運び出さないといけないのだ。１t以上もある大人のキリンの遺体を人力で運び出すには、いくつかに切断して１パーツを軽くせざるを得ない。そのため、私の手元に遺体が届く頃には、内臓は取り出され、四肢や首が胴体から外されてしまっていることがほとんどだ。

ところがキリゴロウの体は、亡くなった時そのままの状態だった。体がバラされていないどころか、死因解剖すらされずにここまで運ばれてきたようだ。

現場に到着した遠藤先生に呼ばれ、１人の女性を紹介された。富山市ファミリーパークの獣医さんだそうだ。お話を伺うと、なんと、園長さん（当時）が、「せっかく解剖してもらうのだから、なるべく良い状態で遺体を渡そう」と言って、動物園の男手をかき集め、飼育部屋で亡くなってしまったキリゴロウの遺体を人海戦術で引っ張り出してくれたらしい。一体何人で運んだのだろうか。頭が下がる思いだ。

そしてさらに、「死因解剖も東大でやれば、このままの状態で渡せるね」と言って、獣医さん同伴で遺体を献体すると決めたそうなのだ。

ここまでしていただいたら、奮起しないわけにはいかない。なんとしてでも面白い成果をあげてやる。ちょうど、キリンの特殊な第一胸椎の研究も佳境だ。これまでの解剖で明らかになった「第一胸椎を動かす仕組み」に間違いがないか確認しよう。今回が、この研究の最終決戦だ。

青空解剖スペース

東大牧場に新たに作られた解剖スペースは、屋根もない場所だった。

一応収縮式の簡易テントが設置されているが、その中は骨格標本を作るための晒骨機、遺体や廃肉を保管するための冷凍庫、解剖道具や消耗品が詰まったダンボールでほとんど埋まってしまっていた。とてもじゃないが、まるまる1頭のキリンをテント内に入れることはできない。

遺体をテントの横のスペースに横たえると、早速獣医さんが死因解剖を始めた。慣れた手つきで開腹し、内臓を取り出して健康状態を調べていく。滅多に見られない心臓や腸を興奮気味に観察していたら、あっという間に日が暮れてしまった。屋外なので、日が暮れてしまうと作業が続けられない。東大牧場はアクセスも悪いので、自宅から通って作業するのは難しい。幸い牧場内には宿舎があったので、解剖が終わるまでの間ここに泊まり、じっくりと作業を行うことにした。

翌朝7時頃、氷点下の冷え込みの中、凍えながら解剖スペースへと向かう。辺りはヤギやブタの鳴き声で賑やかだ。先生と獣医さん、後輩は、昨夜のうちに帰路についた。牧場に残っているのは、私だけだ。

この日の最高気温は10度ほどだったので、日中はさほど寒くはなかった。1人でキリゴロウの脚を持ち上げたり、首を引っ張ったりしていたので、うっすらと汗をかいていたくらいだ。けれど日が暮れる頃にはすっかり冷え込み、気温は3度ほどになっていた。真っ暗になる前にテントの中に置いてあったライトをつけ、夜間作業ができるようにしてみた。いつもの解剖室に比べたらかなり暗いが、何も見えないというわけではない。

ライトを探すときにストーブを見つけたので、箱から取り出し起動する。遠藤先生はさすがだ。必要なものをちゃんと用意しておいてくれている。ありがたい。かじかむ手を時折温め、暖をとりながら、解剖を進めていった。

集大成のような解剖

3日目の朝は、とても寒かった。背中とおなかにカイロを貼り、入念な防寒対策をして外に出る。今日もいい天気だ。

ヤギ小屋の前の道を歩いていると、水たまりが凍っているのが目にとまった。スマホで気温を確認すると、氷点下2度。長靴で氷を割ろうと試みるが、分厚くて全然割れない。

解剖場所へ到着し、キリゴロウの上に被せられたブルーシートをめくると、なんだかキラキラしたものが舞った。「何だろう?」と目を凝らしてみると、なんと氷だ。前日にブルーシートに付着した水分が、昨夜の寒さで凍ったらしい。

キリゴロウの筋肉の表面にも、うっすらと氷が張っていた。筋肉は硬く、半分冷凍されたような状態だ。昨夜から氷点下で、水たまりが凍るのだから、そりゃあ外に置いてある遺体も凍って当然だ。まるで天然冷凍庫だな、と思う。気温が低いおかげで、解剖を始めて3日目とは思えないほどに、筋肉は新鮮さを保っていた。腐敗の兆候もない。これはまだまだ作業できるな、と思い、今日も解剖を始める。

右前肢を取り外し、これまで手付かずだった首の部分の作業に入る。皮を剥くと、真っ白な筋膜が現れた。もはや筋膜に動揺することもなくなっていた。筋膜に戸惑い、うまく解剖ができずに落ち込んだあの日から、4年が経っていた。この4年で、13頭のキリンを解剖してきた。迷いなく筋膜を外し、真っ赤な筋肉を露出させていく。

半冷凍の冷たい筋肉に凍えながら、筋肉の付着位置を1つずつ記録し、取り外していく。ゴム手袋はしているが、防寒性があるわけではないので、指がかじかむ。時折ストーブで指を温めながら、作業を続けていく。腕と胴体をつなぐ筋肉、首の背中側にある筋肉、側面にある筋肉、おなか側にある筋肉。例の「頸長筋」もしっかり観察し、これまでの記録が間違っていなかったことを確認する。

既に、首周りでは、全くわからない「謎筋」はなくなっていた。構造がまだ十分に把握しきれていない筋肉はあったが、すべての筋肉の名前が特定できていた。最高のタイミングで、最高の状態の遺体と巡り合った。この遺体に出会うのがもっと早かったら、きっとこんな風には解剖できていなかっただろう。これもまた、1つの運命だ。

動物園の方々の配慮で全く傷つけられずにやってきたキリゴロウの遺体を使い、これまでの集大成のような解剖ができている。嬉しい気持ちと誇らしい気持ちでいっぱいだった。

ひとりで

1週間泊まり込みで作業し、ついにキリゴロウの解剖が終わった。伸縮式テントの裏手にある蛇口をひねり、延長ホースでテント内の晒骨機に水を貯めていく。

右半身の解剖をしたので、右前肢と右の肋骨は体から取り外され、骨だけになっていた。まずはこれらを晒骨機の中にいれる。次に、解剖初日に後輩が解体してくれた右後肢を晒骨機に投入する。

現場には、半身になったキリンの遺体が横たえられていた。地面側になっている左半身は、まだ全く手付かずだ。キリン1頭を1人で動かすことはできないけれど、半身だったら1人でもいけるかもしれない。そもそも、ここには私1人しかいないのだから、多少難しくても、やるしかないのだ。

地面側になっている左後肢を持ち上げ、遺体を反対向きにひっくり返そうとする。後肢を持ち上げることはできたが、重すぎて動く気配が全くない。そこで、腰の部分で上半身と下半身を分断し、まずは体を2つのパーツに分けてみる。再び後肢を持ち、まずは自分の膝に乗せる。腰をおろし、脚を肩に載せ、ゆっくり立ち上がる。お尻が回転し、下半身がゴロンとひっくり返った。

キリンの遺体は大きいが手足が長いので、テコの原理をうまく使えば、私1人でもひっくり返すことができるのだ。キリンよりも軽い動物であっても、手足が短い動物の方が、実はひっくり返すのは難しい。

同様にして、上半身もひっくり返す。ざっと観察しながら、少し傷み始めた左側面の筋肉を削ぎ落としていく。骨だけになったパーツを晒骨機に入れ、蓋を閉じる。晒骨機の温度を75度に設定し、現場の片付けをする。これで作業は終了だ。あとは、10日ほどしたら、晒骨機から骨を引き上げにまたここへ戻って来ればいい。骨の表面を洗い、乾燥させれば、骨格標本の完成だ。

キリンの特殊な第一胸椎の機能

キリンの第一胸椎は、オカピの第七頸椎によく似た、特殊な形をしている。

過去の研究で「8番目の頸椎」とされたこの骨は、ほかの研究者たちからは「肋骨が接しているんだから、頸椎なわけがない、ただの胸椎でしょ」と言われた。こうして、キリンの頸椎8個説は闇に葬られ、変わった形をした第一胸椎は単なる胸椎の1つとして扱われるようになった。

ところが、キリンの赤ちゃんの遺体を使用した実験で、「キリンの第一胸椎は、ほかの胸椎に比べてよく動く」ことが明らかになった。多くのキリンを解剖して、「キリンでは、頸長筋の付着位置が一部変化し、第一胸椎を動かす仕組みが獲得されている」ことがわかった。骨格標本の観察から、「肋骨の接する場所がわずかに変化し、第一胸椎では肋骨による動きの制限が最小限になっている」こともわかった。

奇跡的に手にしたオカピの赤ちゃんのおかげで、近縁種であるオカピの第一胸椎は動かないこと、第一胸椎を動かすような筋肉の構造がないこともわかった。骨格標本の観察により、オカピの第一胸椎は肋骨によって動きが制限されていることも明らかになった。

これまでの研究では、肋骨が接しておらず動きの自由度が高い頸椎だけが、首の運動に関係していると考えられてきた。しかしキリンでは、筋肉や骨格の構造が変化することで、本来ほとんど動かないはずの第一胸椎が高い可動性を獲得したのだ。

キリンの第一胸椎は、決して頸椎ではない。肋骨があるので、定義上はあくまで胸椎だ。けれども高い可動性をもち、首の運動の支点として機能している。キリンの第一胸椎は、胸椎ではあるが、機能的には「8番目の〝首の骨〟」なのだ。

あとはこれを論文にして、世の中に発表するだけだ。

「キリンの8番目の〝首の骨〟」説の提唱

2015年9月

2015年の秋、私は「キリンの8番目の〝首の骨〟」の存在を主張する論文を執筆していた。初めてキリンを解体してから、7年の月日が経っていた。

「キリンの第一胸椎は、胸椎だけど、動くんじゃないだろうか？」

そう思いついたのは、2012年の夏だった。そこから3年ほどで、16頭のキリンを解剖してきた。研究テーマを考えつくまでに、3頭のキリンの解剖をした。その前には、2頭のキリンを解体した。これまで関わってきた20数頭のキリンたちのことを思い出す。

私の研究は、キリンと、キリンに関わる方々に支えられてきた。これまでの研究生活で、いわゆる〝研究材料〟に困ったことはなかった。キリンが亡くなったときに貴重な遺体を献体してくださる動物園の方々。どんな時でもトラックを出して迅速に遺体を運んでくれる業者のお兄さん。キリンが搬入されると声をかけてくれる博物館関係者の方々。そして何より、動物園とのコネクションを作り、遺体を献体してもらえる仕組みを作り上げた遠藤先生。多くの人に支えられてきた。

そしてキリンには、精神的にもずっと支えられてきた。自分の力を信じられなくなって、諦めてしまいそうになるときは何度もあったけれど、キリンのことを信じられなくなる日は一度もなかった。誰もが「へえ！」と思うような面白い進化の謎が、キリンの体の中にはきっと隠されているはずだ。それが見つけられないのだとしたら、キリンが悪いのではなく、自分の能力不足だ。キリンは絶対に面白い。ずっとそう思い続けることができた。

この7年間、キリンの解剖をしながら解剖用語を覚え、首の筋肉、骨格の構造を学んできた。そんな解剖学者は、世界中探したってどこにもいないに違いない。きっと私だけだ。

2016年2月 そしてついに

「キリンが首を動かすときは、頸椎だけでなく、第一胸椎も動いている」

私の発見は、簡潔に言えばこれだけだ。

キリンは、進化の過程で、高い所にある葉っぱを食べるのに有利な体を獲得してきた。首だけでなく、四肢もとても長い。しかも、後肢よりも前肢の方が長いので、首の根元の位置自体がほかの動物に比べて高くなっている。この体形は、高い所の葉を食べるのには有利だけれど、一方で地面の水を飲むことは難しくしてしまう。

高い可動性をもつ「8番目の〝首の骨〟」は、上下（背腹）方向への首の可動範囲を拡大し、「高いところの葉を食べる」「低いところの水を飲む」というキリン特有の相反する2つの要求を同時に満たすことを可能にした。今回の研究で得られたデータから、大人のキリンではこの特殊な第一胸椎によって、頭の到達範囲が50㎝以上も拡大されることが推定

8番目の“首の骨”がキリンの行動に与える利点

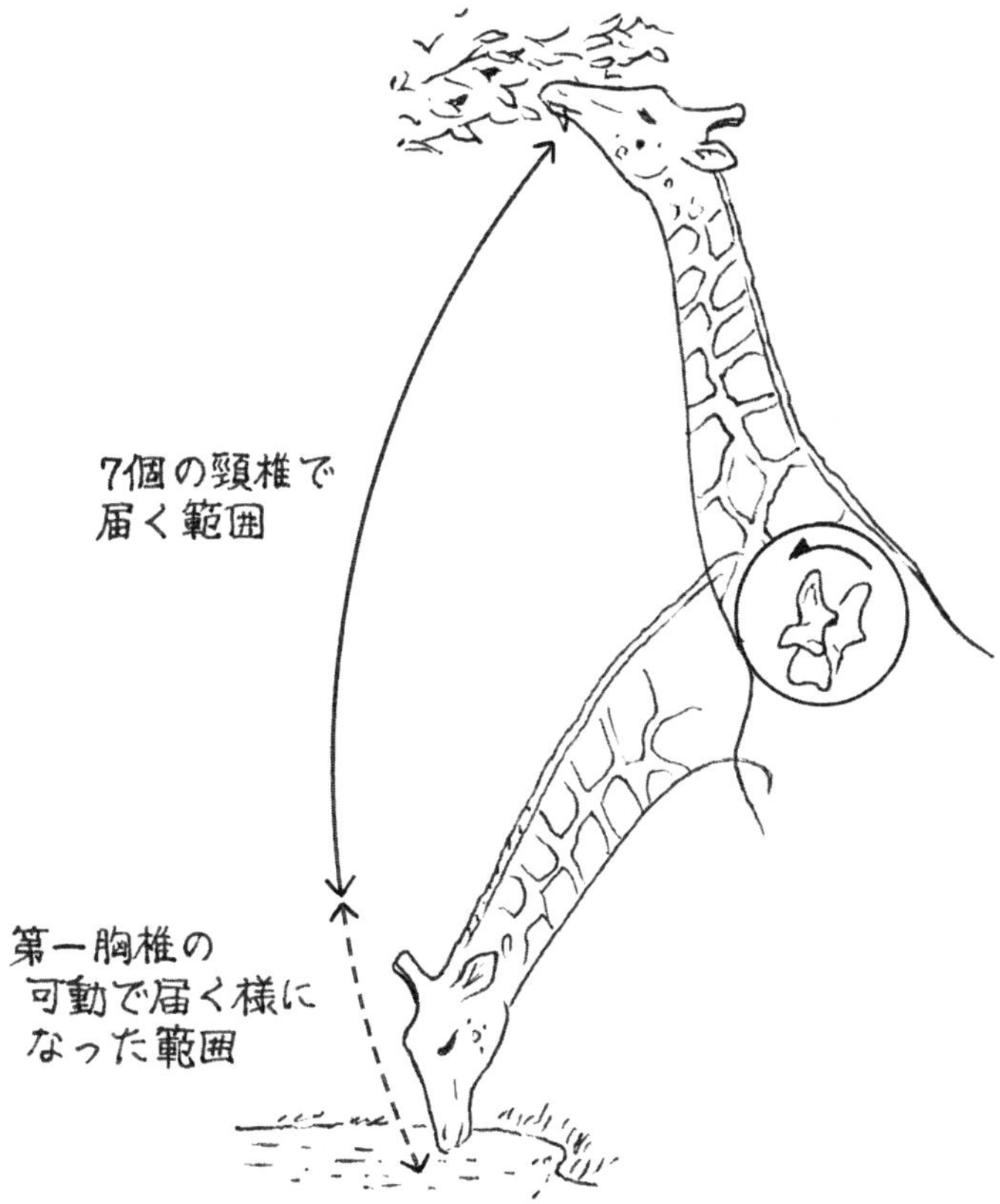

第一胸椎が“首の骨”として首の運動に関与することで、頭が届く範囲は50cm以上も広がる。「高いところの葉を食べる」「低いところ(地面)の水を飲む」という相反する2つの要求を同時に満たすことが可能に。

された。

キリンは、「頸椎数は7個」という哺乳類の体作りの基本形から逸脱することはできなかった。けれども、筋肉や骨格など、もともともっている体の構造をわずかに変えることで、機能的要求を満たすような「8番目の〝首の骨〟」を手に入れた。哺乳類に課された体作りの厳しい制約のもとで、体の構造を大きく変えることなく、自らの独特な生態に有利な構造を獲得したのだ。

年が明けた2016年1月6日、論文が受理され、掲載が決定したとの連絡がきた。そして1ヶ月後の2016年2月、現存する最も古い科学学会である英国王立協会が発行する科学論文誌において、「キリンの8番目の〝首の骨〟」に関する論文が発表された。

当時の私は26歳。奇しくも、19歳の時に初めて解剖したキリンの夏子と同じ年になっていた。

コラム

高血圧の謎

キリンは、この地球上で最も高血圧な動物である。心臓から遠く離れた脳まで血液を送り届けるには、高い血圧が必要不可欠なのだ。過去には、キリンの血圧は最高で300㎜Hgにも達するという報告もある。

この高血圧を生み出す要因の1つは、彼らの心臓にあると考えられている。キリンの心臓を観察してみると、全身に血液を送る役割を果たす左心室では心室壁がとても分厚いことがわかる。その厚さは8㎝ほどもあり、肺だけに血液を送る働きをする右心室の5倍以上にもなる。キリンの左心室は、極めて強力なポンプなのである。

ところが、心室壁がとても分厚い一方で、心室内の空間はとても狭く、1回の拍動で送り出せる血液の量はほかの動物に比べてかなり少ない。

そもそもキリンは、血液の総量も体の割には少ない。2011年の研究によると、キリンの血液は体重の5～6%ほどだそうだ。ヒトの血液量は体重のおよそ8%だといわれているので、体重あたりで考えると、キリンの血液の量はヒトよりも少ないのだ。

血圧というのは、1分間に心臓から送り出される血液の量と、血管の抵抗値（血液の流れにくさ）によって決定する。心臓から出る血液が多ければ多いほど、血液が流れにくいほど、血圧が高くなるのである。

キリンの心臓は強いポンプ性能をもっているが、心室内のスペースは狭く、1回の拍動で送り出せる血液の量は少ない。心拍数もさほど高くないので、1分間に送り出せる血液の量は、ほかの哺乳類に比べてむしろ少ないくらいかもしれない。

では、キリンの高血圧は何によって生み出されているのだろうか。今注目されているのは、血管だ。キリンは、ほかの哺乳類に比べて血管の抵抗値が著しく高く、血液が流れにくいらしい。

だが、キリンの血管が非常に流れにくいのはなぜなのか、そのメカニズムについてはまだ明らかになっていない。今後、キリンの血管に関する更なる調査を行うことで、キリンの高血圧の秘密が解き明かされていくだろう。


キリンの血液循環を語る上で、もう1つ欠かせない話題がある。「ワンダーネット」

だ。ワンダーネットは、キリンの後頭部にある網目状の毛細血管の塊のことだ。脳へ行く血液が急激に増えないよう緩衝装置として働いている、といわれている。

キリンは、水を飲むために頭を下げるだけで、5m近くも頭の位置が変化する。こうなると、首の動脈内にある血液が重力に従って一気に頭へ送られ、脳の血圧が急上昇することになってしまう。逆に、下げた頭を上げるときは、頭に溜まった血が一気に引き、今度は逆に脳の血圧が急激に下がり、脳貧血が生じるリスクがある。

これを解消するのが、前述のワンダーネットだ。血液がワンダーネットを経由して脳を行き来することで、頭を上げ下げしたときに一度に大量の血液が流出・流入するのを防いでいるというわけだ。

ところがなんと、このワンダーネット、実は首が短いオカピももっている。それどころか、ウシやヒツジ、ヤギ、ブタ、ラクダ、バッファローなど、多数の偶蹄類《ぐうているい》でその存在が報告されている。つまりワンダーネットは、首の長さや体の大きさに関係なく、多くの種がもつ割とよくある構造なのだ。

確かに考えてみれば、キリンほどには首が長くなくても、どの種も水を飲む際は頭を下げ、頭に血が上りやすい状況に陥る。急激に脳へと血が流れ込まないような構造は、

他種にもあって然るべきだろう。
　しかしキリンでは、頭を上げ下げしたときの血圧の変動は、他種よりもはるかに大きいはずだ。キリンはどうしているのだろうか。
　2009年、デンマークの研究チームは、生きたキリンの頭部の血圧を計測し、頭を上げ下げしたときに血圧がどう変化するかを調べた。その結果、キリンが頭を下げたときには血圧が急上昇（150㎜Hg→220㎜Hg）すること、一度下げた頭を再び上げるときには、頭部の血圧が急減少（150㎜Hg→50㎜Hg）することが明らかになった。
　つまり頭の上げ下げによって血圧は

急激に変化しているそうなのだ。あれだけの長い首をもっていると、首を動かしたとき、血圧の変化が起こるのは仕方がないことなのだろう。

動物園でキリンを観察していると、水を飲んだあと、頭を上げ、遠くをぼーっと眺めている様子を見かけることがある。下げた頭を上げるとき、一時的に頭部の血圧が50㎜Hgまで下がっているならば、あれは普通に軽い貧血でぼーっとしているのかもしれない。

第8章 キリンから広がる世界

首とは何か？

キリンの第一胸椎は、8番目の〝首の骨〟として機能する。

論文が世に出て数ヶ月は、世の中の反応が随分気になった。かつて「第一胸椎は8番目の頸椎だ」という論文が出版された時は、かなり厳しい風当たりだったからだ。幸いにして今の所、「キリンの8番目の〝首の骨〟」説は割と肯定的に捉えられているようだ。

実は、頸椎、胸椎という定義に捉われずに首と胸の境界を再考しよう、という取り組みは、ここ10年ほどで徐々に広がってきているように思う。

哺乳類の頸椎は、一般的な定義に基づくと、基本的には7個で一定だ。この基本ルールから外れる哺乳類は、マナティとナマケモノだけ。マナティの頸椎は6個で一定なのでまだ許せるのだが、ナマケモノの逸脱っぷりはすごい。ミユビナマケモノの頸椎は8〜10個で、ホフマンナマケモノの頸椎は5〜7個だ。頸椎が増えている種もいれば減っている種もいる。しかも、種間だけでなく、種内でも頸椎数が変化する。

そんな哺乳類のルールを無視したナマケモノについて、2009年にとある研究が発表された。ナマケモノでも7番目と8番目の椎骨の間で、骨の形が大きく変化しているというのだ。これは、一般的な哺乳類と同じ特徴だ。つまり、骨の形の境界は、ほかの哺乳類と同じく7番目と8番目の椎骨の間にあるそうなのだ。

これを踏まえて、この論文では、頸椎が7個より多いミユビナマケモノでは「胸椎の形だけれど肋骨がない骨」をもち、頸椎が7個より少ないホフマンナマケモノでは「肋骨が接しているけれど頸椎の形をしている骨」をもっているのではないか？　という仮説を提唱した。つまり、ナマケモノにおける頸椎数の逸脱は、脊柱構造の変化ではなく、肋骨が発生する位置の変化によるものではないか、という考え方だ。

翌年、別の研究者が、胎児期に椎骨が骨化[*6]していく順番に着目し、ナマケモノの首を観察した。するとやはり、7番目と8番目の椎骨の間で、椎骨の骨化パターンが変化していた。

頸椎数が変わっているナマケモノでも、7番目と8番目の間になんらかの境界があるらしい。特異的な頸椎数を示すナマケモノだが、肋骨を除いて脊柱のみに着目すると、ほか

＊6　**骨化**　発生の過程で骨が作られること。ここでは、軟骨から硬骨に置き換わっていくことを意味する。

の哺乳類と同様の特徴が見えてくるというのだ。

２０１５年には、全身に肋骨をもつヘビでも、椎骨の形だけに注目すると、頸部、胸部、腰部、尾部の４つのグループが確認できるという研究が発表された。ヘビの体は、全身胸椎なのではなく、胸椎以外の部分にも肋骨が接しているだけ、というわけだ。

首って一体、何なのだろうか。首と胸の境界って、どこなんだろうか。肋骨を基準とした頸椎・胸椎という定義に捉われず、様々な視点で「首とはどこか」を探るような研究が増え始めている。そんな時だからこそ、私の研究も受け入れてもらえたのかもしれない。

キリンの第一胸椎は動いているのかもしれない、と思い始めた頃は、これらの研究のことは知らなかった。こういう考え方が広がっていることも知らなかったし、別に時代の流れに乗って研究テーマを選んだわけでもない。それなのに、同じような時期に同じような着眼点の研究が立て続けに発表されるというのは、なんだか不思議な気分だ。

流れに乗ったつもりはないのに結果的に流れの中にいる、という経験はほかにもある。私がこの論文を発表した２０１６年は、キリンに関する重要な発見が立て続けに発表された年なのだ。

キリンとオカピのDNAに含まれる遺伝情報が解明されたのも、後述する「キリンとオカピの中間的な長さの首をもつ絶滅したキリンのなかま（サモテリウム・メジャー）」の化石が報告されたのもこの年だ。キリンが実は4種なのではないかという説が提唱されたのもこの年だし、キリンの心臓が1回の拍動で送り出す血液量がとても少なく、高血圧の秘密は血管の流れにくさにあるのではないか、という研究が発表されたのも2016年だ。

私がキリンの研究をしようと頑張っていた時に、世界のいろんな国で、さまざまな人たちが独自にキリンの研究を進めていたのかと思うと、胸が熱くなる。

卒業、受賞、解剖

2017年1月

2017年1月。私は博士号の審査会を終え、無事博士号を取得することとなった。博士論文のタイトルは、「偶蹄類における頸部筋骨格構造の進化」だ。この本の中では紹介しきれなかったが、博士課程ではキリンの8番目の〝首の骨〟研究以外にも、キリンとラクダのなかまでは首の筋骨格構造がどんな風に違うのかを調べた研究や、「キリンの首」という意味の名をもつゲレヌクという動物（ウシのなかまで、首がとても長い種）の骨格構造を調べた研究などを行っていた。

ラクダやゲレヌクなど、ほかの首の長い偶蹄類のことを調べると、キリンがいかに特殊な構造をもっているかがよく理解できる。学部生の頃に漠然と考えていた「頸椎数の制約のもとで、どのように構造を変えながら、首が長くなってきたのだろうか？」という疑問は、いつの間にか博士論文の主題となっていた。

ありがたいことに、「キリンにおける8番目の〝首の骨〟の発見」は、多くの方に評価していただき、博士課程の学生を対象とした、上皇陛下ゆかりの栄誉ある賞を受賞する運びとなった。

3月初旬の授賞式には、秋篠宮同妃両殿下もご臨席くださるそうだ。受賞の連絡を受けたときに私が考えたことは、「キリンが亡くなりませんように」だ。さすがに授賞式を欠席して解剖に向かうことは絶対にできない。大丈夫だろうか。

授賞式までの間は、お世話になった方々にご挨拶に伺ったり、スーツを新調したり、忙しいながらも穏やかで充実した毎日を過ごしていた。冬も終わりに近づき、暖かくなってきたし、心配することはなかったかもしれない。そんなことを思いはじめていたとき、科博の川田さんから電話がかかってきた。授賞式の1週間ほど前だった。

川田さんには本当にお世話になったので、授賞式にもご招待していた。きっと授賞式のことでなにか聞きたいことがあるのだろう。そうに違いない。電話をとると、開口一番、こう言われた。

「キリンが来るよ」

翌日、私はいつものジャージ姿で、科博の地下解剖室にいた。目の前には、多摩動物公園で飼育されていた「サンゴ」という名のメスのキリンが横たわっていた。全体的に白っぽくて、かわいらしい個体だ。17歳だったので、私の10歳下だ。

横たわった遺体は、かなりきれいな状態だ。なんだか、「浮かれずに、地に足つけてちゃんと研究しろよ」と言われているかのような気分になる。賞は、あくまで過去の研究に対する評価だ。これから研究者として独り立ちして、さらに面白い研究をしていかなくちゃいけない。

さて、次はどんな研究をしようか。まずは以前から気になっていた肩周りの構造を調べ

てみよう。キリンの前肢は、ほかの偶蹄類に比べて少し前にあるといわれている。キリンの胸元を見てみると、お尻のような2つの膨らみが観察できる（写真）。

これは、肩関節だ。ほかの偶蹄類では、肩関節は体幹の上にあり、こんな風に胸元に飛び出したりしない。キリンの肩は、少し変わった位置にあるのかもしれない。は一体どんな構造をしているのだろう。前肢の位置は、本当に変わっているのだろうか。変わっているとしたら、その意味前はなんだろう。

受賞でふわふわした気持ちは、すっかりなくなっていた。気合を入れ、解剖刀を手に取った。

子供の心をもったままで

２０１８年　９月

受賞をきっかけに、最近では、生物学者・解剖学者だけでなく、さまざまな分野で活躍する先生方の前で、自分の研究の話をする機会に恵まれている。本当にありがたいことだ。分野外の方々との議論は、新鮮で、刺激的で、とても楽しい。生化学の先生に「どうして日本にはこんなに動物園が多いのですか？」と尋ねられて困ったり、産婦人科医の先生に「キリンには逆子や難産はないのですか？」と質問されて答えに窮したり、日々、異分野交流を楽しんでいる。

そんな中で、私の研究の話を聴いたある宇宙物理学者の先生から、きっと生涯忘れないであろう素敵なお言葉をかけていただいた。

「発表、楽しませてもらいました。郡司さんのお話を聴いていて、アインシュタインの言葉を思い出しました。彼はたくさんの名言を残していますが、その1つに、『私の成功の秘訣が1つだけあるとすれば、ずっと子供の心のままでいたことです』というものがあります。私も郡司さんも、子供の心のままで大人になれて、幸せですね」

私は、誰かの役に立つような研究を、とか、世界を救うような研究を、という高尚な志をもって研究の道に入ったわけではない。ただただ、「子供の頃から好きだったものを追求したい」という一心だった。自分の人生が成功だったかなんて、まだわからない。これからの頑張り次第だろう。けれども、今確かに幸せだと思えるのは、子供の心のままで大人になれたからに違いない。

この先生のお言葉は、私のこれまでの人生を柔らかく包み込み、肯定してくれたような温かみがあった。これ以上嬉しい気持ちになる言葉に、私はこの先の人生で出会えるだろうか。

キリンがいなくなる日

2019年　4月

現在、日本国内では、およそ150頭のキリンが飼育されている。2011年の調査によると、日本におけるキリンの飼育数は147頭であり、584頭を飼育するアメリカに次いで世界第2位である。日本は、世界有数のキリン大国なのだ。ちなみに、私が生まれた1989年は、キリンの飼育頭数が過去最高（234頭）だった年だそうだ。

では、野生のキリンは、現在地球上に一体どれくらいいるのだろうか。

国際自然保護連合（IUCN）の調査によると、2015年時点で地球上に生息している野生のキリンの個体数は、10万頭ほどだそうだ。1980年代には15万頭以上のキリンが生息していたといわれているので、過去30年ほどで4割近くも個体数が減少してしまったことになる。減少の理由は、生息地の縮小や、アフリカ諸国で相次ぐ内乱、密猟などと考えられている。

この調査を受け、２０１６年、ＩＵＣＮはキリンを絶滅危急種に指定した。危急種とは「絶滅寸前種・危惧種ほどではないが、絶滅のリスクが高いと判断された種」のことを指す。こうした種は、生息地の減少や環境の悪化などわずかな状況の変化によって、容易に絶滅危惧種になってしまう恐れがある。

同じく危急種に認定されているアフリカゾウの野生個体数が45万頭、カバが12万５０００頭であることを考えると、キリンの個体数のあまりの少なさに暗澹たる思いがしてくる。きちんと対策を講じていかないと、この地球上からキリンがいなくなってしまう日が訪れるかもしれない。

恐ろしいのは、この30年間、キリンの個体数の減少に気がついた人間がいなかったことである。アフリカのサファリにいけばキリンはどこでも見ることができてしまうため、ゾウやカバに比べて危機感が薄かったのだ。

キリンの唯一の近縁種であるオカピも、過去25年間で個体数が４割ほど減少し、現在の野生個体数は１万～５万頭だと推定されている。２０１３年には、ＩＵＣＮのレッドリストにおいて絶滅危惧種に指定された。

つまり、現在地球上に存在するたった２種類のキリン科動物は、どちらも絶滅の危機に瀕しているのだ。地球上にキリンのなかまが生き続けられるよう、我々人間は、きちんとした対応をしていかなくてはならない。

私も、私にできる方法で、キリンのなかまの保護に貢献していきたいと思う。まずは、もっと多くの人にキリンを好きになってもらいたい。ここまでこの本を読んでくださったみなさんが、読み始めた頃よりもキリンを好きになっていたら、とても嬉しい。

次なる研究

さて、次はどんな研究をしようか。キリンの体の中には、まだまだ面白い発見が眠っているはずだ。

いずれ、絶滅したキリンのなかまの研究をしてみたいと思っている。今ではキリンとオカピのたった2種しかいないキリンのなかまだが、かつては30種以上も存在していたのだ。しかも、アフリカだけでなく、ヨーロッパ、アジアにも生息していた。今から500万年以上前、中新世と呼ばれる時代の話だ。

２０１６年、「キリンとオカピの間くらいの長さの首をもつ化石」が見つかった。今から７００万年前ほど前、ユーラシアからアフリカにかけて生息していた「サモテリウム・メジャー」というキリンのなかまだ。

研究チームのリーダーであるニコス・ソロウニアス教授は長い時間をかけ、世界各地の博物館に散らばったキリンの化石を巡り、首の骨の長さを１つずつ計測した。そして、サモテリウムが、オカピより長くキリンより短い首をもつことを発見したのだ。

このソロウニアス教授、実は「キリンの頸椎8個説」を唱えた方だ。私の研究にも親身にアドバイスをくださった。私に負けないくらい根っからのキリンファンで、なんと４歳の時にギリシャにある自宅の裏で初めて見つけた化石が、キリンのなかまの化石だそうだ。

ほかにも面白いキリンがいる。シヴァテリウム・ギガンテウムという、キリンのなかまの中で最もキリンらしくない体形をしている種だ。短い首、太くて短い脚、カール状に広がる大きな角をもつ、ヘラジカのような見た目の動物だったといわれている。

インドに生息していた絶滅したキリンのなかま、ジラファ・シヴァレンシスも気になる存在だ。現代のキリンに極めてよく似た姿をしていたと考えられている。残念ながら頭の骨は見つかっておらず、どのような顔をしていたのかは不明だが、頸椎の一部と四肢の骨

シヴァテリウム・ギガンテウムの復元図

ヘラジカのような大きな角をもち、今のキリンとは似ても似つかない体形をしていたと考えられている。キリンは木の葉っぱを食べることに特化しているが、この種は木の葉だけでなく地面に生える草も食べていたとされる。

が発見されているため、今のキリンに匹敵するくらい長い首と四肢をもっていたことは確かである。ちなみに、頸椎の形は現代のキリンにそっくりだ。

ジラファ・シヴァレンシスはキリン属に分類され、現代のキリンにかなり近縁だと考えられている。実は今から200万年以上前の時代、インドや中国には、ジラファ・シヴァレンシスだけでなく、キリンに近縁な種がたくさん生息していたことがわかっている。それらはすべて絶滅してしまったが、伝説の霊獣・麒麟を生んだ国にかつてたくさんのキリンのなかまが生息していたなんて、なんともロマン溢れる話である。

これまでに蓄積してきたキリンの筋肉の情報を活かして、絶滅したキリンたちがどんな見た目、どんな機能の首をもっていたか、明らかにしていきたいと思っている。

ほかにもいくつか新しい研究が始まりつつある。まだ詳細はお話しできないが、わくわくして胸が高鳴るような「研究のタネ」たちだ。これらの研究が花開くのは、まだもう少し先だ。いつかまた、私とキリンが紡ぐ新たな研究の物語をお届けできる日がやって来ることを願っている。

それまでまた、キリンやオカピとともに、地道に精一杯頑張っていくつもりだ。

コラム

キリン研究者の育て方

「子供の頃からキリンが好きで、キリンの研究をしています」

そう話すと、結構な頻度で、「親御さんは研究者か何かなの？」と尋ねられる。残念ながら（？）、私の父は普通のサラリーマンで、母は専業主婦だ。

ただ、私の母はちょっと変わった人である。「フィーリングが合わない」と言って幼稚園を中退し、「雨が降りそうだから帰る」と言って高校を早退してしまうような人だ。雨が降ってもいないのに、だ。娘の私から見ても、ちょっと普通じゃない。少しは宮沢賢治を見習った方が良い。

私も学生時代はさして真面目な方ではなかったが、ここまで酷くはなかった。母からは「雨が降っていても学校に行くんだから偉い」とよく褒められていた。意味不明だ。ハードルが低くて助かる。

そんな変わり者の母は、私が中学生の頃、カルチャーセンターで「お香作り」を習い始めた。母はすぐにお香作りに夢中になり、材料を揃え、家でもお線香や匂い袋（香料を詰めた布袋のこと）を作るようになった。

母は次第に、お香にまつわる歴史についての本を読むようになり、ついには匂いにまつわる専門的な科学書らしきものまで読み始めた。ちらっと覗き見てみた本の中には、「安息香酸」など、高校の化学の授業に出てくる用語や化学記号がぎっしり並んでいた。さまざまな原料を混ぜ合わせ、複雑で豊かな薫りを作り出すお香作りには、化学の知識が重要らしい。

当時の母は、50歳くらいだった。「記憶力が落ちてるから、すぐ忘れちゃう」などと困り顔で言いながら、毎日楽しそうに本や資料を読み込んでいる母の姿は、お香と出会う以前よりもはるかに輝き、人生を楽しんでいるように見えた。

知識は生活を豊かにし、目にとまるものに価値を与え、新たな気づきを生み、日常生活を輝かせてくれる。私は、母の姿を通じて、知識を身につけることの楽しさと素晴らしさを学んできたような気がする。そして、誰かに強いられて知識を詰め込む「勉強」と、自らの喜びとして主体的に知識を得る「学問」の違いに気がついたのだと思う。

ちなみに、母は今では調香師としてお香作りを教える立場になっている。15年もあれば、キリン好きの子供はキリンの研究者になれるし、カルチャースクールに通う主婦はスクールの講師にもなれる、ということだ。親子ともに夢中になれることに出合い、時間をかけて取り組んでこられたことの幸福を、あらためて感じる。

私はお香に関する知識はほとんどないけれど、母と話すのはとても楽しい。

「明日は海岸に漂着したクジラの解体を手伝いに行ってくるよ」などと言うと、「マッコウクジラなら、龍涎香《りゅうぜんこう》を探してきて」と返ってくる。「明日はビントロングっていうジャコウネコのなかまの遺体が届くんだよ」と言うと、「やっぱり体からは麝香《じゃこう》の匂いがするの？　嗅いできて」と頼まれる。私にはない発想の質問や頼みごとをされると、新たな視点が増え、日常が輝き、一段階楽しくなる。

解剖着に染み付いてしまった死臭（腐敗臭）が取れなくなってしまったときは、「死臭にはこのお線香が効く」と言って手作りのお線香を焚き、一発で死臭を消し去ってくれた。なんでも、ドライアイスがない時代は、御香を焚くことでご遺体が発する腐敗臭を消していたらしい。何度洗濯しても何時間日干ししても消えなかった死臭が完全に消えたときは、母の知識と先人たちの知恵に感動したものだ。人生で最も母を尊敬したのは、この時かもしれない。

母は、私に対して「勉強しなさい」と言ったことは一度もない。ただ、母自身が学問に励むことで、学問の素晴らしさを身をもって示し続けてくれた。私が研究者として生きていく上で一番大事な基盤を作ってくれたのは、間違いなく母だと思っている。母は学者ではないけれど、学者と同じ姿勢をもった人だ。

おわりに

2019年1月末、私は本書の原稿を一通り書き終えた。それから数日後の2月3日。私は科博の地下で、オカピの遺体と向き合っていた。上野動物園で飼育されていた、カセンイという24歳のメスのオカピだ。動物園から運び出す際に筋肉が傷つけられてしまっていたが、丁寧に解剖していくと徐々に首の筋肉の構造が見えてきた。切り離されてしまった首と胴体を合わせ、筋肉の走行を確認する。

少し前だったら、傷ついてしまった遺体をこんな風に上手に解剖することはできなかっただろう。あらためて、この10年ほどの時間の流れと自分の成長を感じるきっかけとなった。

生き物の体には基本形があって、変幻自在に姿を変えられるわけではない。本書で説明してきた通り、キリンは頸椎の数を増やすことができなかった。哺乳類の進化の歴史の中で2億年以上も脈々と受け継がれてきた「頸椎が7個」という体づくりのルールから、キリンは逸脱できなかった。けれども彼らは、筋肉や骨格の構造をわずかに変え、胴体の一部が動くような構造を獲得することで、「高いところにも低いところにも頭が届く」という目的を達成した。

8番目の〝首の骨〟を見つけて以来、動物園でキリンを眺めていると、なんだか「大切なのは手段ではなく目的だよ」と言われているような気がしてくる。高いところにも低いところにも頭が届くならば、別に頸椎の数が8個も9個もなくたっていいのだ。

自分の力ではどうしても変えられないことは、きっと世の中にたくさんある。大事なのは、壁にぶつかったそのときに、手持ちのカードを駆使してどうやって道を切り開いていくかだ。逃れられない制約の中で、体の基本構造を大きく変えることなく獲得された「キリンの8番目の〝首の骨〟」は、私にそんなことを教えてくれた。

もう1つ、キリンと共に過ごした10年間で気がついたことがある。好きなことを好きだということの大事さだ。これが好き、と口にすると、同じような興味をもっている人が近づいてきてくれる。手を差し伸べてくれる人や、チャンスを与えてくれる人にも出会える。

初めて「キリンの研究者になりたい」と口にしたのは、確か大学1年生の春に参加した生命科学シンポジウムの懇親会だ。「キリンの研究者になりたい」と決意するきっかけになったイベントだ。18歳にもなって子供みたいな突拍子もない夢を口にするのは、結構恥ずかしかった。笑われるかもしれない、と怖くもあった。

けれど、私の発言を聞いた研究者の先生方は、笑顔だったが、笑いなどしなかった。「それなら、○○先生に会いにいってみたらいいんじゃないかな」と、優しくアドバイスをしてくれた。好きなこと、やりたいことを口にしたら、こんな風に行くべき道を示してもらえるんだ、と驚いたのを、今でもよく覚えている。

それ以降、たくさんの先生に連絡を取り、「キリンの研究がしたい」とご相談した。ほとんどの先生は、「自分の研究室ではキリンの研究は難しい」ことを伝えた上で、時に優しく、時に厳しく、いろんなアドバイスをしてくれた。

もしこの本を読んでいる方の中に、悩める研究者志望の学生さんがいたら、勇気をもって大学の先生に連絡を取ってみることをお勧めする。大学の先生たちは、情熱とやる気のある学生がとっても好きだ。きっといろんなアドバイスをしてくれるはずだ。

かつて遠藤先生から、こんなメールを受け取ったことがある。修士課程の進学先をまだ悩んでいた、大学3年生の時の話だ。

「国内にキリンの研究で生活している人間はいないと考えていいでしょう。キリン研究をする上での指導者がどこかにいたり、誰かがすでに道を開いて研究をしたりしているわけではありませんから、それを期待するのは困難です。すべて自分でやっていくという意味では、どの研究室にいてもあまり違いはありません」

今振り返ると、先生のこの言葉が、キリンの研究で生きていく覚悟をするきっかけになったような気がする。誰かが手を差し伸べてくれたり、道を切り開いてくれるのを待っていては何も起きない。かと言って困難だからと諦めることもできない。ならば自分の力で切り開いていくしかない。この時はっきりと、そんな覚悟を決めた。これが私の研究者としてのスタート地点だったのかもしれない。

ただ、この10年間を振り返ってみると、自分の力で成し遂げてきたというよりは、とにかく運が良かったなと感じる。出会いにも恵まれてきた。指導教官の遠藤先生をはじめ、要所要所でいろんな方のお世話になり、貴重な動物たちを解剖することができた。本書の中には何度も「運命」という言葉が出てくるけれど、そう書きたくなってしまうほどに恵まれた10年間だった。

特に、まだ研究テーマすら決まっていない学部4年生の私に、二つ返事で快くキリンの遺体を貸してくれた国立科学博物館の川田さんには、感謝してもしきれない。お借りしたひと抱えの小さなキリンを見ていると、「この体の中には、きっと面白い発見がたくさん詰まっているはず」と思うことができた。研究が軌道に乗るまでは、くじけそうになることもあったけれど、このキリンの赤ちゃんの存在がいつも私の心を奮い立たせてくれた。「この標本を無駄にしてはいけない」というプレッシャーも少しはあったけれど、「この標本が手元にある限り、私は大丈夫、キリン研究者になれる」という謎の自信を生んでくれた。

オカピの標本を快く貸してくださった神奈川県立生命の星・地球博物館の樽創先生、ご自身の研究室に献体されたキリンを解剖させてくださった山口大学の和田直己先生をはじめ、これまでお世話になった大学・博物館関係者の方々、私の研究議論や人生相談に付き合ってくださった諸先輩方、解剖の現場をいつも手伝ってくれた遠藤研究室の先輩・後輩たち、そしてずっと私を応援してくれた家族にも、感謝したい。

いつもキリンを運んでくださっていた鈴木商会の鈴木智陽さん、解剖後の廃棄物を処理してくださっていたエルエス工業の田口邦紀さん、田口哲生さんにも感謝の意を伝えたい。この2つの会社の支えなしには、私の研究は成り立たなかった。まさに「プロフェッショナル」という言葉が似合う素敵な方々だ。

そして、貴重なキリンの遺体を献体してくださった、上野動物園、鹿児島市平川動物公園、神戸市立王子動物園、埼玉県こども動物自然公園、仙台市八木山動物園、多摩動物公園、千葉市動物公園、富山市ファミリーパーク、浜松市動物園、サファリリゾート姫路セントラルパーク、横浜市立金沢動物園、横浜市立野毛山動物園（五十音順）の関係者の方々、そしてオカピの遺体を献体してくださった上野動物園、よこはま動物園ズーラシアの関係者の方々に心より感謝申し上げたい。

今回、過去のことを振り返ることで、苦い記憶だった初めてのキリンの解剖、つまりニーナとの思い出が、自分にとっていかに大事なものだったのかを認識することができた。たった1人でニーナと向き合ったあの4日間がなければ、きっと私はキリンの研究者にはなれなかった。本書を企画し、過去を振り返る素晴らしい機会を与えてくださった、アマナの高野丈さん、ナツメ出版企画の森田直さん、柳沢裕子さん、素晴らしいイラストを描いてくださった竹田嘉文さん、素敵なデザインに仕上げてくださった寄藤文平さんと文平銀座のみなさん、DTPを担当してくれた西田美千子さんにも心より御礼申し上げる。

そして何より、これまでずっと私の力になってくれたキリンとオカピたちに感謝したい。

これまで関わってきたキリンやオカピは、どの個体も鮮明に記憶に残っている。今回紹介できなかったキリンもたくさんいるが、その全てが私の研究を支えてくれた愛すべき大事な子たちだ。私が楽しく人生を歩めているのは、キリンやオカピたちのおかげだ。出会えてよかった。心からありがとう。大好き。

最後に。

私はこれまで、30頭のキリンを解剖し、骨格標本として博物館に収めてきた。「どうして30頭もキリンの標本が必要なんですか？」と聞かれたことはないが、もしこれがタヌキの標本だったら、そういう風に尋ねる人は多いのではないだろうか。

博物館には、数多くの標本が収められている。1種につき1つの標本、というわけではなく、特定の種の標本を大量に集めることも多い。たとえば、国立科学博物館には、1万点を超えるカモシカの頭骨が保管されている。これは世界で一番のカモシカコレクションに違いない。

私は、キリンだけでなく、ゾウやサイ、アザラシなどの標本化にも携わってきた。動物園の動物だけでなく、タヌキやアナグマ、ネコの標本も作ってきた。

なぜこんなに標本を作るのか。それは、博物館に根付く「3つの無」という理念と関係している。「3つの無」とは、無目的、無制限、無計画、だ。「これは研究に使わないから」「もう収蔵する場所がないから」「今は忙しいから」……そんな人間側の都合で、博物館に収める標本を制限してはいけない、という戒めのような言葉だ。

たとえ今は必要がなくても、100年後、誰かが必要とするかもしれない。その人のために、標本を作り、残し続けていく。それが博物館の仕事だ。

キリンの解剖は、それなりに大変だ。遺体を輸送するにはお金もかかる。解剖後、不要な筋肉を処分するのにもお金がかかる。「日本でキリンの標本を集めても仕方ないよ。研究する人もいないし」。誰かがそう考えていたら、私のこの研究は成り立たなかった。博物館に収められたたくさんのキリンの骨格を見ると、これらを集め、未来につなげていこうとした過去の方々の心意気に胸を打たれる。

正直言って、「3つの無」は、学生時代はやや負担だった。何の役に立つのかわからないものを、忙しい中で作り続けるのは、それなりにしんどい。けれども誰かがやらなければ、標本を蓄積し、未来に残していくことはできない。私にキリンの標本を残してくれた過去の人たちに敬意を払い、私も、博物館標本を100年後に届ける仕事の一翼を担っていきたい。

そしてそれと同時に、100年前から届けられた標本を利用して、さまざまな研究成果をあげ、薄暗い収蔵棚に収められた標本たちに日の目を見せてあげたい。

実は今も、100年以上前に収集された標本を使って研究している。過去から届くバトンを受け取り、研究成果という名の付加価値をつけたうえで、次の世代に届ける。それができる研究者になりたいな、と思っている。

無目的、無制限、無計画。

「何の役に立つのか」を問われ続ける今だからこそ、この「3つの無」を忘れず大事にしていきたい。

of giraffes. Royal Society Open Science, 3, 150604.

- Hautier L, Weisbecker V, Sánchez-Villagra MR, Goswami A, Asher RJ (2010) Skeletal development in sloths and the evolution of mammalian vertebral patterning. Proceedings of the National Academy of Sciences of the United States of America, 107, 18903-18908.
- Head JJ, Polly PD (2015) Evolution of the snake body form reveals homoplasy in amniote Hox gene function. Nature, 520, 86-89.
- Kubo T, Mitchell MT, and Henderson DM. (2012) Albertonectes vanderveldei, a new elasmosaur (Reptilia, Sauropterygia) from the upper cretaceous of Alberta. Journal of Paleontology, 32, 557-572.
- Lankester R (1908) On certain points in the structure of the cervical vertebrae of the okapi and the giraffe. Proceedings of the Zoological Society of London, 1908, 320-334.
- Lawrence WE, Rewell RE (1948) The cerebral blood supply in the Giraffidae. Proceedings of the Zoological Society of London, 118, 202-212.
- Mitchell G, and Skinner JD (2003) On the origin, evolution and phylogeny of giraffes Giraffa camelopardalis. Transactions of the Royal Society of South Africa, 58, 51-73.
- Mitchell G, Skinner JD (2009) An allometric analysis of the giraffe cardiovascular system. Comparative Biochemistry and Physiology A, 154, 523-529.
- Mitchell G, van Sittert SJ, Skinner JD (2009) Sexual selection is not the origin of long necks in giraffes. Journal of Zoology, 278, 281-286.
- Narita Y, Kuratani S (2005) Evolution of the vertebral formulae in mammals: a perspective on developmental constraints. Journal of Experimental Zoology, 304, 91-106.
- Owen R (1839) Notes on the anatomy of the Nubian giraffe. Transactions of the Linnean Society of London, 2, 217-243.
- Prothero DR, Foss SE (2007) The Evolution of Artiodactyls. Johns Hopkins University Press, Baltimore.
- Van Sittert SJ, Mitchell G (2015) On reconstructing Giraffa sivalensis, an extinct giraffid from the Siwalik Hills, India. PeerJ, 3, e1135.
- Slijper EJ (1946) Comparative biologic–anatomicalinvestigations on the vertebral column and spinal musculature of mammals. Verhandeligen der Koninklijke Nederlandsche Akademie van Wetenschappen, 42, 1-128.
- Smerup M, Damkjær M, Brøndum E, Baandrup UT, Kristiansen SB, Nygaard H, Funder J, Aalkjær C, Sauer C, Buchanan R, Bertelsen MF, Østergaard KH, Grøndahl C, Candy G, Hasenkam JM, Secher NH, Bie P, Wang T (2016) The thick left ventricular wall of the giraffe heart normalises wall tension, but limits stroke volume and cardiac output. Journal of Experimental Biology, 219, 457-463.
- Solounias N (1999) The remarkable anatomy of the giraffe's neck. Journal of Zoology, 247, 257-268.
- Spinage CA (1968) Horns and other bony structures of the skull of the giraffe, and their functional significant. East African Wildlife Journal, 6, 53-61.

参考文献

- 『まど・みちお全詩集＜新訂版＞』伊藤英治 編（理論社）
- 『もう一つの上野動物園史』小森厚 著（丸善ライブラリー）
- 『物語 上野動物園の歴史　園長が語る動物たちの140年』小宮輝之 著（中公新書）
- 遠藤智比古（1990）「キリン」の訳語考，英学史研究，23, 41-55.
- 細田孝久（2013）「国内のキリン個体群の状況と亜種問題」，獣医畜産新報，66，822-825.
- 湯城吉信（2008）ジラフがキリンと呼ばれた理由：中国の場合，日本の場合（麒麟を巡る名物学　その一），人文学論集 平木康平教授退職記念号，26，69-96.
- Agaba M, Ishengoma E, Miller WC, McGrath BC, Hudson CN, Bedoya Reina OC, Ratan A, Burhans R, Chikhi R, Medvedev P, Praul CA, Wu-Cavener L, Wood B, Robertson H, Penfold L, Cavener DR (2016) Giraffe genome sequence reveals clues to its unique morphology and physiology. Nature Communications, 7, 11519.
- Basu C, Falkingham PL, Hutchinson JR (2016) The extinct, giant giraffid Sivatherium giganteum: skeletal reconstruction and body mass estimation. Biology Letters, 12, 20150940.
- Brøndum E, Hasenkam JM, Secher NH, Bertelsen MF, Grøndahl C, Petersen KK, Buhl R, Aalkjær C, Baandrup U, Nygaard H, Smerup M, Stegmann F, Sloth E, Østergaard KH, Nissen P, Runge M, Pitsillides K, Wang T (2009) Jugular venous pooling during lowering of the head affects blood pressure of the anesthetized giraffe. American Journal of Physiology-Regulatory, Integrative and Comparative Physiology, 297, R1058-1065.
- Buchholtz EA, Stepien CC (2009) Anatomical transformation in mammals: developmental origin of aberrant cervical anatomy in tree sloths. Evolution and Development, 11, 69-79.
- Dagg AI (1965) Sexual differences in giraffe skull. Mammalia, 29, 610-612.
- Dagg AI, Foster JB (1976) The Giraffe: Its Biology, Behavior, and Ecology. Krieger Publishing Company, Malabar.
- Danowitz M, Vasilyev A, Kortlandt V, Solounias N (2015) Fossil evidence and stages of elongation of the Giraffa camelopardalis neck. Royal Society Open Science, 2, 150393.
- Danowitz M, Domalski R, Solounias N (2016) The cervical anatomy of Samotherium, and intermediate-necked giraffid. Royal Society Open Science, 2, 150521.
- Davis EB, Brakora KA, Lee AH (2011) Evolution of ruminant headgear: a review. Proceedings of the Royal Society B, 278, 2857-2865.
- Fennessy J, Bidon T, Reuss F, Kumar V, Elkan P, Nilsson MA, Vamberger M, Fritz U, Janke A (2016) Multi-locus analyses reveal four giraffe species instead of one. Current Biology, 26, 2543-2549.
- Graf W, de Waele C,Vidal PP (1995) Functional anatomy of the head–neck movement system of quadrupedal and bipedal mammals. Journal of Anatomy, 188, 55-74.
- Godynichi S, Franckowiak H (1979) Arterial branches supplying the rostral and caudal retia mirabilia in artiodactyls. Folia Morphologica, 38, 505-510.
- Gunji M, Endo H (2016) Functional cervicothoracic boundary modified by anatomical shifts in the neck

郡司 芽久　ぐんじ めぐ

1989年生まれ。2017年3月に東京大学大学院農学生命科学研究科博士課程を修了（農学博士）。

国立科学博物館学振研究員、筑波大学研究員を経て、現在、東洋大学生命科学部生命科学科助教。

幼少期からキリンが好きで、大学院修士課程・博士課程にてキリンの研究を行い、
27歳で念願のキリン博士となる。解剖学・形態学が専門。哺乳類・鳥類を対象として、

「首」の構造や機能の進化について研究している。世界一キリンを解剖している人間（かもしれない）。

第七回日本学術振興会育志賞を受賞。

イラスト　竹田嘉文
デザイン　寄藤文平＋古屋郁美（文平銀座）
ＤＴＰ　西田美千子
編集協力　髙野丈（株式会社アマナ／ネイチャー＆サイエンス）
編集担当　柳沢裕子（ナツメ出版企画株式会社）

本書に関するお問い合わせは、書名・発行日・該当ページを明記の上、下記のいずれかの方法にてお送りください。電話でのお問い合わせはお受けしておりません。
・ナツメ社 web サイトの問い合わせフォーム
https://www.natsume.co.jp/contact
・FAX（03-3291-1305）
・郵送（下記、ナツメ出版企画株式会社宛て）
なお、回答までに日にちをいただく場合があります。正誤のお問い合わせ以外の書籍内容に関する解説・個別の相談は行っておりません。あらかじめご了承ください。

キリン解剖記《かいぼうき》

2019年8月1日　初版発行
2023年11月10日　第9刷発行

ナツメ社Webサイト
https://www.natsume.co.jp
書籍の最新情報（正誤情報を含む）はナツメ社Webサイトをご覧ください。

著　者　郡司芽久《ぐんじめぐ》

発行者　田村正隆
発行所　株式会社ナツメ社
〒101-0051　東京都千代田区神田神保町1-52　ナツメ社ビル1F
電話　03-3291-1257（代表）　FAX　03-3291-5761
振替　00130-1-58661
制　作　ナツメ出版企画株式会社
〒101-0051　東京都千代田区神田神保町1-52　ナツメ社ビル3F
電話　03-3295-3921（代表）
印刷所　図書印刷株式会社

ISBN978-4-8163-6679-6　Printed in Japan